住房城乡建设部土建类学科专业『十三五』规划教材

全国住房和城乡建设职业教育教学指导委员会

建筑与规划类专业指导委员会规划推荐教材

（建筑室内设计专业适用）

建筑室内设计专业学业指导

本教材编审委员会组织编写

刘超英　主编

中国建筑工业出版社

图书在版编目（CIP）数据

建筑室内设计专业学业指导／刘超英主编 .—北京：中国建筑工业出版社，2018.8
住房城乡建设部土建类学科专业"十三五"规划教材 .全国住房和城乡建设职
业教育教学指导委员会建筑与规划类专业指导委员会规划推荐教材 .建筑室内
设计专业适用
ISBN 978-7-112-22517-0

Ⅰ.①建…　Ⅱ.①刘…　Ⅲ.①室内装饰设计－高等职业教育－教材
Ⅳ.① TU238.2

中国版本图书馆CIP数据核字（2018）第179158号

　　本教材向建筑室内设计专业的新生介绍专业的定义、内涵、领域；历史、现状、展望；学科、专业、行业；专业职业岗位、职业魅力与要求；专业的设课依据、课程体系、课程逻辑；专业的学习目标、要求、方法；专业教学资源，以及包括4个系列14项内容的专业入门训练项目。

　　目的是引领新生进入建筑室内设计丰富多彩的专业领域，了解未来将从事的职业；大学三年将学习的主干课程，指导大家树立信心，科学规划学业，掌握学习要领，并初步体验设计师的专业状态及工作感觉。

　　本教材将各校简单的专业介绍升级为系统的学业指导，并为此提供了一套完整的解决方案。包括理论教学和实践教学内容、教学要求与建议，以及一套构思独特、设计精彩的PPT和一个展示了本专业的无穷魅力的庞大教学资源。

　　建筑装饰工程技术专业室内设计方向或环境艺术专业室内设计方向的学生也可以使用。

　　如有使用本教材的教师需要配套教学课件，请与出版社联系，邮箱：cabp_gzsn@163.com。

责任编辑：杨　虹　周　觅
责任校对：焦　乐

住房城乡建设部土建类学科专业"十三五"规划教材
全国住房和城乡建设职业教育教学指导委员会建筑与规划类专业指导委员会规划推荐教材

建筑室内设计专业学业指导
（建筑室内设计专业适用）

本教材编审委员会组织编写
刘超英　主　编

*

中国建筑工业出版社出版、发行（北京海淀三里河路9号）

各地新华书店、建筑书店经销
北京雅盈中佳图文设计公司制版
北京市密东印刷有限公司印刷

*

开本：787×1092毫米　1/16　印张：12¹/₂　字数：261千字
2019年2月第一版　2019年2月第一次印刷
定价：45.00元（赠课件）
ISBN 978-7-112-22517-0
（32593）

编审委员会名单

主　任：季　翔

副主任：朱向军　周兴元

委　员（按姓氏笔画为序）：

王　伟　甘翔云　冯美宇　吕文明　朱迎迎

任雁飞　刘艳芳　刘超英　李　进　李　宏

李君宏　李晓琳　杨青山　吴国雄　陈卫华

周培元　赵建民　钟　建　徐哲民　高　卿

黄立营　黄春波　鲁　毅　解万玉

前　言

为什么要开设《建筑室内设计专业学业指导》课程

　　教育理念先进的高校都十分看重专业的始业教育，国际国内工程教育界著名的"国际CDIO组织"，推行CDIO的教育教学理念，将导论课作为12项教学标准中的第4条标准。无论是本科还是高职高专，很多高校非常认同有CDIO的教育教学理念，先后加入了这一组织，并在教育教学实践中推行这一先进的理念。

　　在本科，专业的始业教育冠以"专业导论"之名。国际的麻省理工大学（MIT），国内的清华大学、浙江大学等很多工程设计专业均开设专业导论课程。一些学校将"专业概论"课程升级为"专业导论"课程，两者的区别是前者只介绍专业，后者除了介绍专业以外，还介绍专业的学习方法。其目的是将新生快速引入专业大门。

　　我们高职高专，先进的高校也非常认同这样的理念，并做出了先行的探索。例如国家示范职业院校黑龙江建筑职业技术学院马松雯教授2012年在高职高专建筑类专指委会议上曾推广CDIO的教育教学理念。宁波工程学院在2004年升本前也是高职高专层次的学校，2002年开设建筑装饰工程技术专业（室内设计方向）。第一版人才培养计划就开设了一门叫"认识实习"的课程，用一周时间，28学时，对新生进行始业教育（案例请扫描二维码01）。除了教研室主任介绍专业、就业岗位、课程体系、毕业要求以外，还邀请行业专家介绍建筑装饰行业发展情况、邀请著名设计师介绍成长历程，带领学生参观家装／公装设计公司，考察设计中／建设中／已建成的室内设计工地、建筑装饰材料、家具／家居市场。这样强化高职高专学生始业教育的做法与国际CDIO组织所倡导的理念几乎同步。这样做的效果非常好，使学生在学业之初就能明白专业是怎么样的、毕业后会做什么工作、学校里将学什么课程、怎样才能顺利毕业。这样学生学习的目的就很明确，学习的强劲动力也就随之产生。宁波工程学院曾在全国建筑类毕业设计比赛中获得五连冠，优秀的学生还未毕业就在企业担任设计师，毕业生非常抢手，受到行业的高度认可。

　　据编者了解，国内许多学校也有为新生进行专业教育的传统，最为常见的是学院为新生召开开学典礼，院长、系（专业）主任为新生做一个时长不等的专业介绍。建筑室内设计专业也一样，有的可能介绍一下办学历史、专业特色，但是由于时间有限，又没有标准的教材，所以新生的很多疑问并没有得到解答。

　　怎样解决这个问题？在2010~2014年制定《高等职业学校建筑室内设计专业

二维码01

教学基本要求》和 2016~2018 年制定《高等职业学校建筑室内设计教学标准》期间，行指委一直在寻求解决方案。编者根据自己学校的实践体会，创导开设一门《建筑室内设计专业学业指导》课程，将各学校新生专业介绍这个环节升级为"专业学业指导"这样一门课程。这一创意得到几十所学校及部分行业专家的赞同。《建筑室内设计专业学业指导》这门课程被上述两个教学指导文件列为建筑室内设计专业主干课程，教材内容经过两届专指委／行指委建筑室内设计领域众多学校和专家的反复研讨，如今终于面世。新编教材在 2016 年 12 月已被列入"住房城乡建设部土建类学科专业'十三五'规划教材"。

它为建筑室内设计专业师生实施标准的始业教育提供了一套完整的解决方案。不仅提供了适度的理论教学内容、还设计了详尽的实践项目，并提供全套入门训练任务书。除此之外，教学指南对教学要求、学时、教学方法均提出了可行的建议。

将新生快速引入专业大门这样的教学目标也是我们应该追求的教学效果。该课程没有采用本科的"专业导论"而将课程名称定为"专业学业指导"，因为本科和高职的教学目标、人才标准、学习方法、学习重点是不一样的，所以不能简单地套用本科的导论课模式。高等职业教育如何开设"专业学业指导"课程，我们将在新形态教材使用说明书中详细回答。

编者

新形态教材使用说明书

1. 教材／课程的结构、功能、目标

1）结构。本教材的结构分 7 个部分，每个部分的教学主题和教学目标见表 0-1。

教学主题与教学目标 表0-1

教学主题	教学目标
1 建筑室内设计及其专业概述	引领新生进入建筑室内设计丰富多彩的专业领域
2 建筑室内设计专业职业岗位	了解未来将从事的岗位的职业性质与要求
3 建筑室内设计专业课程体系	大学三年将学习的主干课程，核心课程的开设目的与要求
4 建筑室内设计专业学习指导	指导学生树立信心，科学规划学业，掌握学习要领
5 建筑室内设计专业教学资源	介绍建筑室内设计专业教学资源类型与功能、学习目的、学习方法，展示一个庞大无比、精彩纷呈的建筑室内设计世界
6 建筑室内设计专业入门训练*	初步体验设计师的专业状态及工作感觉
7 建筑室内设计专业入门训练任务书*	与第5章配套，详解入门训练工具要求方法

*入门训练的内容不需要全部完成，每个项目可以选择1~2项。老师也可以替换其他合适的项目。

2）功能。让建筑室内设计专业的新生了解专业行业、了解就业岗位、了解专业课程、了解学习方法、进行入门训练、提供庞大的建筑室内设计专业教学资源。

3）目标。让建筑室内设计专业的新生树立自信心、明确学习目标、获得学习动力、掌握学习方法、科学规划自己的学业、发现建筑室内设计专业的精彩世界。

图 0-1 是以示意图的形式概括本课程的功能与目标。

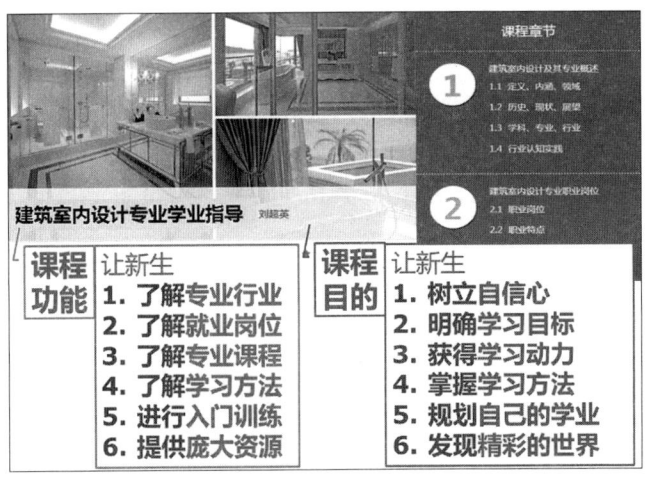

图 0-1 《建筑室内设计专业学业指导》课程功能与目标

2. 教材/课程实施模式

1）调整所在学校人才培养方案。按行指委《建筑室内设计专业教学标准》将本课程列入培养计划。建议理论教学每周 2 学时，一般按 16 周排课，即安排 32 学时实施理论教学和课内入门训练。然后再加 1~2 周行业认知实习。

2）根据学校情况选择教学模式。我们国家幅员辽阔，各个学校处于不同的地域，有不同的发展历史、不同的特色。本课程的编写团队为本课程的开设设计了六套实施方案。大家可以从中选择最适合的方案。

方案一：课程教学模式。即按照常规将课程列入新生一年级的教学计划，理论教学每周 2 学时，一般按 16 周排课，即安排 32 学时实施理论教学和课内入门训练。然后再加 1~2 周行业认知实习。集中邀请本地行业领导、知名企业高管、著名设计师到学校进行讲座交流，学生去本地考察知名企业及工地，了解本地建筑家装及公装市场、招投标场所、材料市场等对行业有个初步的认知。如已经把始业教育安排为课程的学校，用这一模式可以与原来的安排无缝对接。

方案二：慕课教学模式。即将本课程按慕课方式运行，学生全程通过网络或手机 APP 进行，当然前提是所在学校有慕课平台，然后用我们的课件，由教师自己拍摄课程视频，建设作业库、试卷库，完善课程网站。如学校有超星慕课平台的话，就可以映射课程，任课教师可以获得最大的管理课程权限。如无超星平台，则可以把班级挂在我们编写团队老师的课内，实施教学。

方案三：始业教育模式。即将本课程集中安排在新生入学第一、二周进行。同时实施理论和实践教学。第一周上午完成 5 讲，下午完成课内实践，第二周进行行业/企业/设计师讲座和行业考察。这是一种先进的模式，但它需要协调学校其他教学部门，主要是公共课需要推迟两周进行。

方案四：浓缩教学模式。即将本课程的前 5 章理论教学内容浓缩在新生入学教育这 1~2 天进行，入门训练以每周一个课外作业来完成，然后在期末安排一周行业认知实习。这个模式效率最高。

方案五：课外教学模式。即将本课程以班会形式，安排在课外进行。班级邀请老师做班会主讲嘉宾，实施教学。本课程的核心内容只要五讲即可完成。而课程训练课按课外作业布置学生自觉完成。

方案六：整合教学模式。即将本课程的教学内容整合在建筑室内设计初步、建筑室内设计原理或其他一年级开始的专业基础课中，与这些课一起实施教学。

其实，只要认识到本课程的重要性总会找到实施的办法，相信各学校也会提出符合自己学校的实施方案。

3. 倡导实施智慧教学模式

我们的时代已经进入双网时代和智慧时代。所以我们的课程教学也要与时代同步。课程形式可以采用传统的课堂讲授，更应该采用慕课等先进的课程形式。

建议教师自建课程网站＋手机APP，利用互联网和移动网实施智慧教学。同时建立QQ/微信课程群进行课程互动，提高课程效率。

4. 教材／课程可以提供的资源

本教材是新形态教材。教材编写团队已经将新教材／新课程繁重的备课任务整合成一个课程解决方案，所有启用新课程／新教材需要的辛苦备课，我们教材编写团队全部为老师代劳了。老师只要熟悉教材，熟悉教学工具，然后按所在学校教学文件的格式做一些简单的调整就可以了，见图0-2、图0-3。

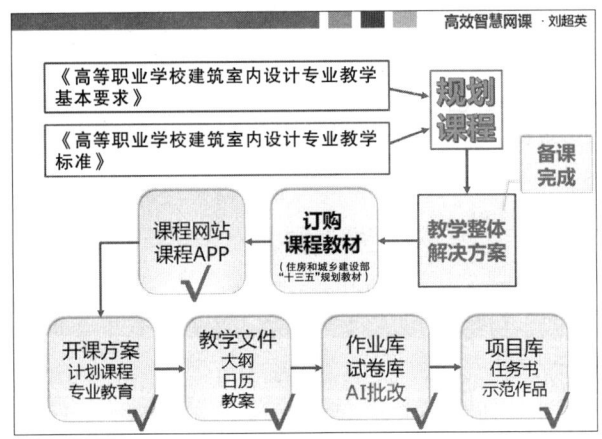

图0-2　本教材／课程可以提供的资源

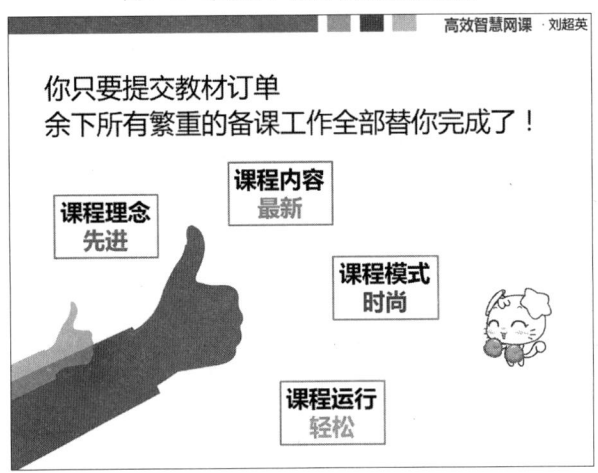

图0-3　只要订购教材，辛苦的备课教材编写团队均已代劳

本教材／课程提供如下教学资源：

1）纸质教材。纸质教材除传统教学内容外，还包含了大量通过二维码扫描的延伸阅读内容／大师案例／实践任务书电子稿。

2）课程网站和课程 APP。本教材／课程基于宁波工程学院的超星慕课平台建立了课程网站和课程 APP。教师只要下载超星"学习通"，扫描班级邀请码，可以进入课程查看 APP 学生页面。看正在开课的全部章节，见图 0-4。

图 0-4　教师只要下载超星"学习通"，扫描班级邀请码

执笔教师还在上述平台上为大家开设全套微课化 MP4 视频讲座，供任课教师教学参考，见图 0-5。

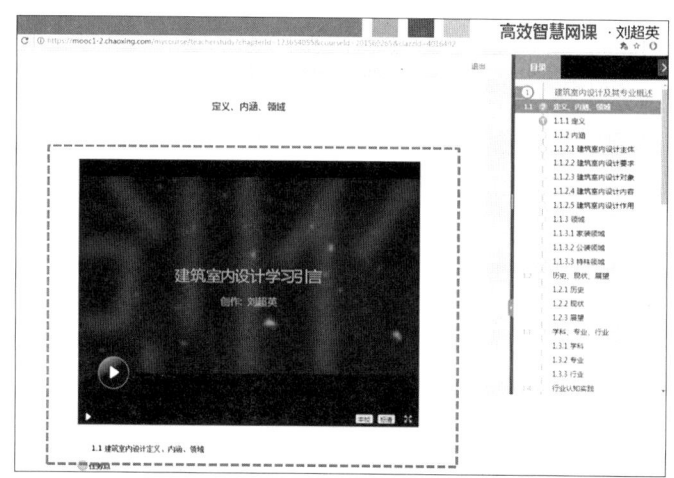

图 0-5　全套微课化 MP4 视频讲座

提供作业库、试卷库、实践任务书等，方便大家开展教学活动，见图 0-6。

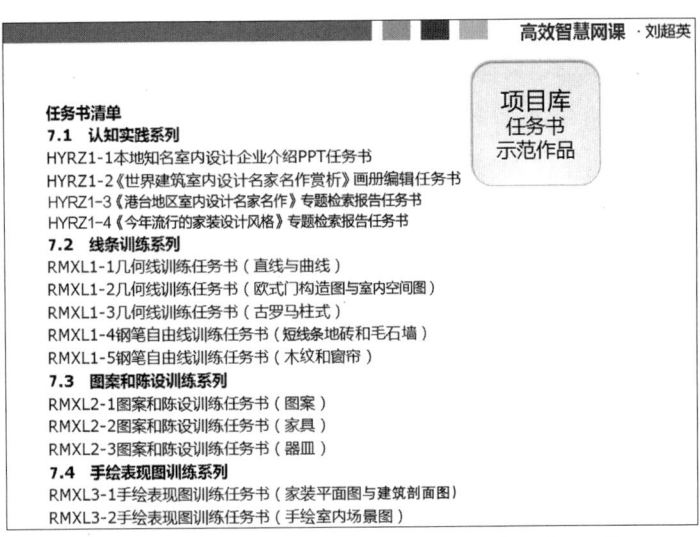

任务书清单
7.1 认知实践系列
HYRZ1-1本地知名室内设计企业介绍PPT任务书
HYRZ1-2《世界建筑室内设计名家名作赏析》画册编辑任务书
HYRZ1-3《港台地区室内设计名家名作》专题检索报告任务书
HYRZ1-4《今年流行的家装设计风格》专题检索报告任务书
7.2 线条训练系列
RMXL1-1几何线训练任务书（直线与曲线）
RMXL1-2几何线训练任务书（欧式门构造图与室内空间图）
RMXL1-3几何线训练任务书（古罗马柱式）
RMXL1-4钢笔自由线训练任务书（短线条地砖和毛石墙）
RMXL1-5钢笔自由线训练任务书（木纹和窗帘）
7.3 图案和陈设训练系列
RMXL2-1图案和陈设训练任务书（图案）
RMXL2-2图案和陈设训练任务书（家具）
RMXL2-3图案和陈设训练任务书（器皿）
7.4 手绘表现图训练系列
RMXL3-1手绘表现图训练任务书（家装平面图与建筑剖面图）
RMXL3-2手绘表现图训练任务书（手绘室内场景图）

项目库
任务书
示范作品

图 0-6 项目库都已建成，成套的实践任务书电子稿供下载

各校教师在为学生订购本教材后，发送有关凭证到课程建设群，即可将教师加入课程或列为助教赋予最大的管理课程权限，见图 0-7。为教师所教班级定制课程邀请码，邀请同学参加学习。

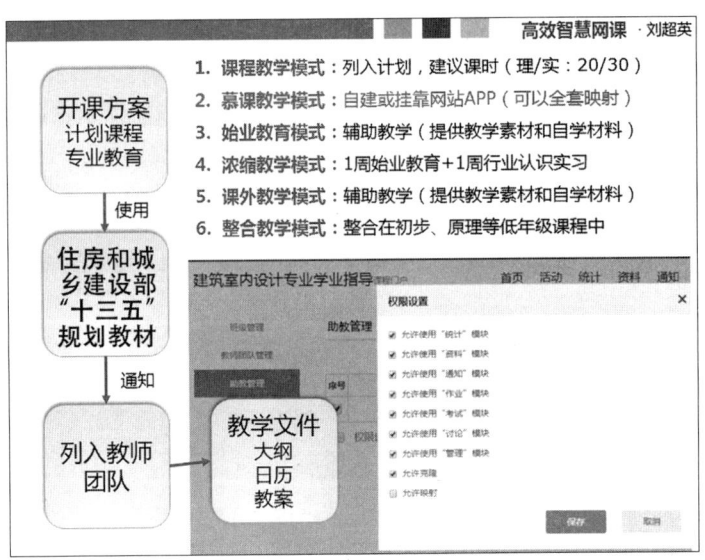

图 0-7 赋予教师最大的管理课程权限

3）课程电子教案PPT。教材编写团队已经制作了完整的课程电子教案，该PPT设计先进，采用流程化、逻辑式呈现，十分形象，见图 0-8。易于学生弄懂弄通抽象的理论，也易于教师进行课堂讲授。

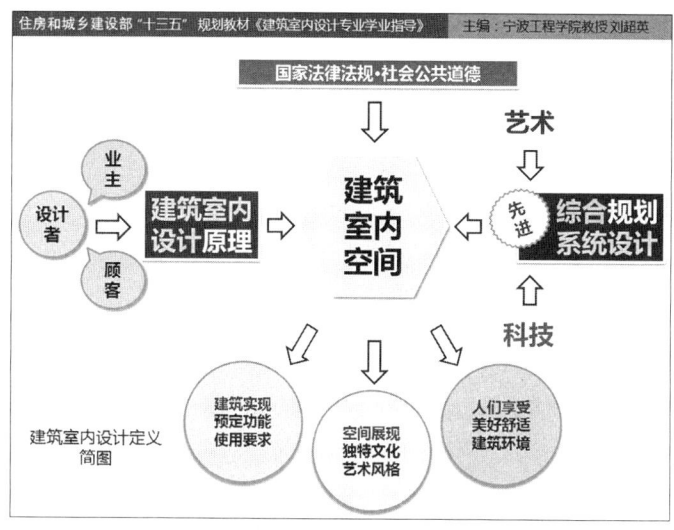

图 0-8　流程化、逻辑式的 PPT 通俗易懂，十分形象

4）课程教学标准。教材编写团队已经设计了 6 套教学模式，编制了先进的课程教学标准，包括教学大纲、教学日历、教案，如图 0-9 所示。

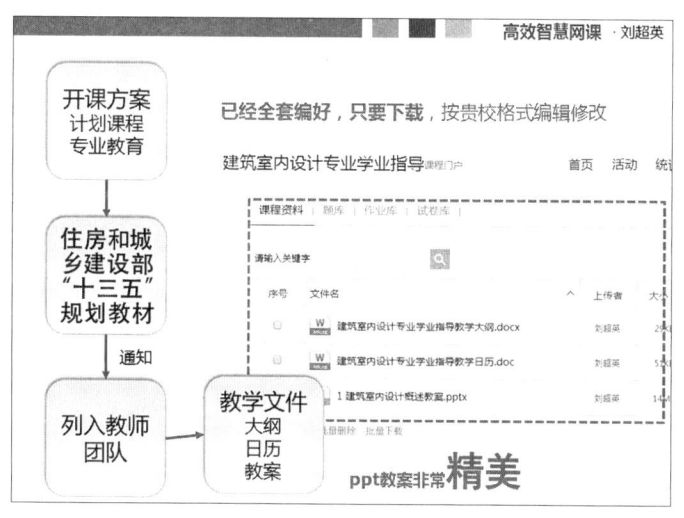

图 0-9　包括教学大纲、教学日历、教案均已完成

5）课程网站。本教材同名课程在以下网站上线：

（1）浙江省高等学校在线开放课程共享平台，扫描二维码 02。

浙江省高等学校在线开放课程共享平台—学生端，扫描二维码 03。

（2）基于超星慕课平台的宁波工程学院网络课程平台，扫描二维码 04。

二维码 02

二维码 03

二维码 04

超星慕课平台可同时使用超星课程网站和课程APP"学习通"。

6）课程分享视频。主编还为大家录制了一个课程分享视频，请大家扫描二维码05观看。总之，只要老师您认同本教材／课程的教学理念，一切都为您解决好了。

7）QQ课程教研群。QQ群号：952309858，群名：建筑室内设计专业学业指导课程研究群，购买教材的学校老师可以入群，获取课程资料均需备注学校和真实姓名，也可扫码以下个人微信二维码联系（图0-10）。

图0-10　作者微信二维码

目　录

建筑室内设计及其专业概述

高等职业教育和本科教育在培养目标上有质的区别，这是两种不同类型的高等教育，培养的人才越来越受到党和国家的重视，社会和行业的欢迎。尤其是建筑室内设计专业（专业代码540104），这个专业是培养建筑室内设计师，是要为人们设计美好的室内空间，这样的空间是任何一个人都离不开的生活空间。设计这样的空间由业主出资，专业人员施工，成品却是我们设计师的作品。因此，这个职业被人们称为"金色的灰领"，是含金量和含知量均很高的职业。我们的大学就是要把大家培养成这样的建筑室内设计师，所以，大家要满怀信心迎接未来的大学生活的挑战！我们专业的很多毕业生在几年内就实现了从实习生到成功设计师的华丽转身。

我们进入的是建筑室内设计专业，大家对自己所选择的专业是否有所了解？相信有一点大家一定都清楚，那就是本专业基本修业年限为三年。

而未来的三年我们将学习一些什么内容？

毕业以后干什么工作？

主要就业面向和初次就业岗位是什么？

未来有什么课程等着我们？

我们应该怎样学习？

怎样才能快速入门？是我们这门课程需要解决的问题。

★ 理论教学

1.1 建筑室内设计定义、内涵、领域

1.1.1 定义

什么是建筑室内设计？

设计者根据业主和顾客的要求，运用建筑室内设计原理，在国家法律法规和社会公共道德的框架下，对建筑的室内空间进行先进的艺术与科技的综合规划和系统设计，使建筑实现预定功能和使用要求，使空间展现独特文化和艺术风格，使人们享受美好舒适的建筑环境。

这样的工程设计活动，称之为建筑室内设计。其逻辑关系见图1-1。

1.1.2 内涵

建筑室内设计的定义有116个字，五个层次，分别定义了：

1.建筑室内设计主体

"设计者"。

这个层次的关键词是"设计者"。

设计者可以是经过注册的建筑设计师，也可以是经过室内设计专业训练的人士。

我国目前并没有"室内设计师"这一专门的职称和职务。所谓"室内设计师"

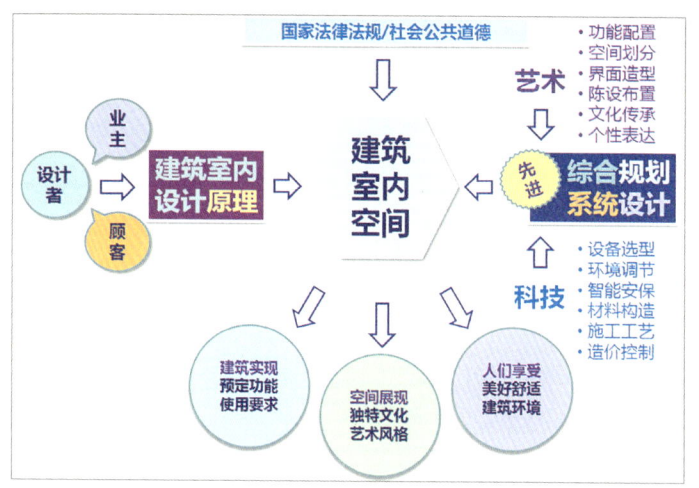

图1-1 建筑室内设计定义关键词及逻辑关系图

是民间的叫法。从事这个行业，没有执业资格的门槛。但国家规定，室内设计者不能涉及建筑的结构设计。

有一定学历和实践资历的设计者，经过国家认可的专业评审，可以获得工程师或工艺美术师的任职资格，受聘担任初级、中级和高级专业技术职务。也可以通过考试，获得注册建筑师和建造师的任职资格。受聘担任二级或一级注册建筑师和建造师。关于设计者的职业将在本书"2 建筑室内设计职业岗位"中详细论述。

2. 建筑室内设计要求

"根据业主和顾客的要求运用建筑室内设计原理，在国家法律法规和公共道德的框架下"。

这里有三个意思，它们都是对建筑室内设计的实施提出的前提要求。

第一个意思：根据用户的要求。

①业主。既可以是建筑原始业主，也可以是通过合法协议方式获得的临时业主，协议期间业主拥有这个室内空间的使用权。

业主可以对室内空间进行符合其需要的改造，由此实现相应的功利目的。例如他想这个室内空间拥有超市的功能，从而获得盈利。

业主是设计项目的来源。他要承担相应的责任、费用和风险，室内设计费也由业主支付。设计师如果想顺利获得项目设计费，就必须在规定的范围内最大限度使业主满意。

②顾客。是业主的服务对象，也是业主要千方百计满足的人群。顾客满意了，业主才能获得利益。所以，设计者要设身处地地为他们考虑，千方百计地满足他们的所有要求。

怎样才能使业主满意？一个秘诀：即满足业主服务对象的要求。业主服务对象满意了，业主才能满意。

第二个意思：运用建筑室内设计原理。

这是对建筑室内设计的专业要求。《建筑室内设计原理》是建筑室内设计专业的一门启蒙性质的专业基础课，其设计理论涉及美术、建筑学、建筑史学、设计艺术学、建筑美学、环境心理学、人体工程学、建筑物理、建筑设备、施工技术、建筑经济、社会学、市场学、公共关系学等众多学科。详细将在"3 建筑室内设计专业课程体系"中论述。

第三个意思：在国家法律法规和公共道德的框架下。

建筑室内设计必须遵守国家法律法规，尊重公共道德。建筑室内设计是对建筑的二次设计，设计师必须坚守设计安全即建筑安全和建筑总体风格统一的底线。

建筑安全主要包括结构安全、环境安全和防火安全。二次设计必须严守国家建筑安全标准，不为业主和使用者留下任何安全隐患。

结构安全和环境安全。设计必须执行《建筑装饰装修工程质量验收标准》GB 50210—2018。不能改变原有建筑的结构体系，不涉及拆改建筑的承重墙。国家规定，凡变动建筑主体和承重结构，必须由原设计单位或相同资质设计单位提出设计方案。① 设计项目实施后，要通过国家规定的竣工验收，其中包括环境检测。防火安全。设计必须执行《建筑设计防火规范》GB 50016—2014（图1-2）。这方面的设计疏漏会给使用者造成严重的后果。

公共道德也是必须满足的，设计不能挑战公共道德。例如一些夸张的卫生间设计，在酒吧和旅游建筑这样的休闲场所中并没有什么不妥，但如果将这样的设计搬到政府办公大楼、学校、医院的室内，就有违公共道德。

同时，二次设计也必须尊重建筑的原有风格，特别是涉及建筑外观的改造，不能破坏建筑的整体风格。案例见图1-3。这也是必须遵守的公共道德，否则会给城市造成严重的视觉污染。

图1-2 设计必须遵守国家规范

---

① 建设部110号令《住宅室内装饰装修管理办法》，第二章，第五条。

图 1-3 欧洲国家典型
的外古内现代设计手法
(*a*) 巴黎香榭丽舍大道上
汇丰银行；
(*b*) 路易威登专卖店

(*a*)   (*b*)

3. 建筑室内设计对象

"建筑的室内空间"。

建筑是由建筑的外部空间形象（图1-4*a*）、建筑的结构体系（图1-4*b*）和建筑内部空间（图1-4*c*）三部分构成。前两部分的设计需要由注册建筑师来完成。但一座建筑，仅仅只有这两个部分依然是个空壳，使用功能还不完整。必须进一步进行室内空间的规划与设计，从而实现建筑的全部功能。建筑的内部空间，即"有顶的空间"就是建筑室内设计的实施对象，案例见图1-4、图1-5。

尽管如此，室内设计者的设计对象不完全局限于室内，像室内外的结合部位，例如门厅、门头、灰空间、庭院的设计也会经常涉及。案例见图1-6、图1-7。

4. 建筑室内设计内容

"进行先进的艺术与科技的综合规划和系统设计。"

这个层次有五个关键词：先进的、艺术与、科技的是定语，综合规划、系统设计是名词。

综合规划是规划建筑室内空间的总体要求、经营理念、盈利模式和运作方式。这个部分通常需要业主与设计者合作完成。

系统设计有两方面。一是艺术设计，包括功能配置、空间划分、界面造型、陈设布置、文化传承、个性表达六个要素；二是科技设计，包括设备选型、环境调节、智能安保、材料构造、施工工艺、造价控制六个要素。这两个方面的设计是建筑室内设计者的天然任务。

综合规划和系统设计必须是先进的。所谓先进，主要指时代性和创新性，

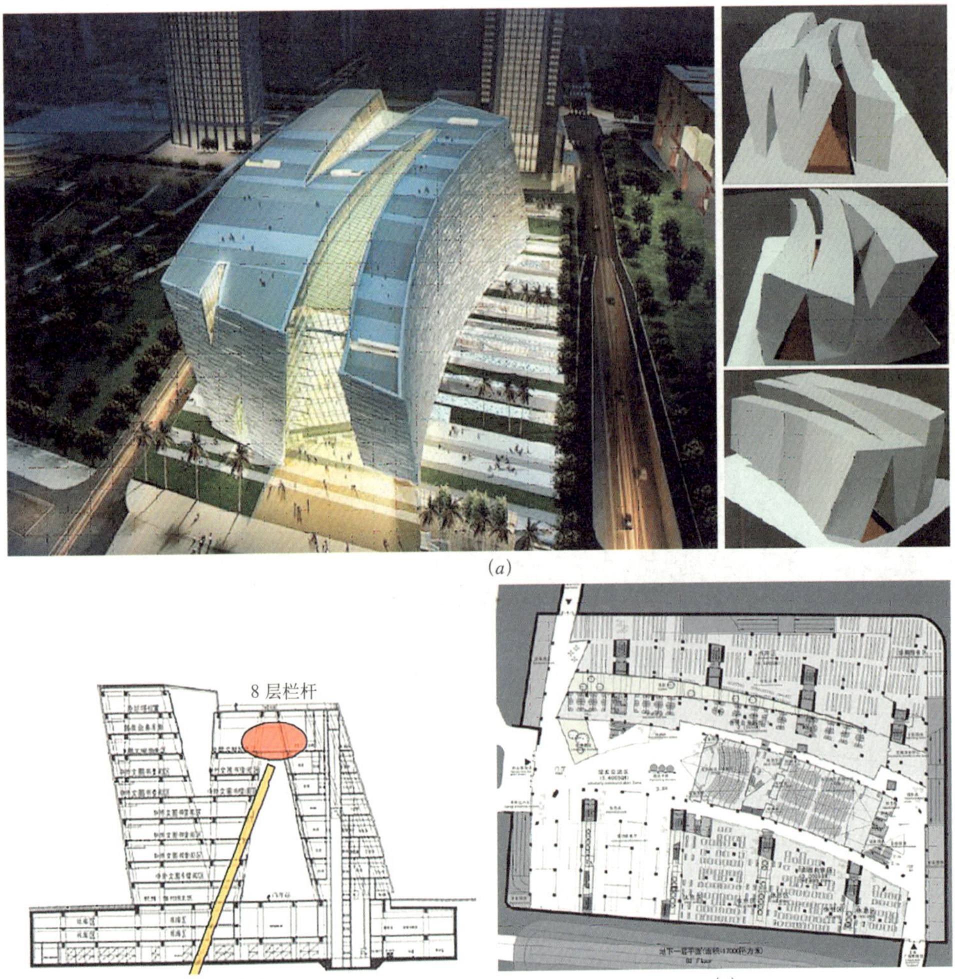

(a)

图1—4 广州图书馆新馆建筑分析图

（a）建筑的外部空间形象和外部形象创意；（b）建筑的结构体系；（c）建筑的内部空间（一层平面）
图片来源：https://wenku.baidu.com/view/e1da4f76a21614791611284d.html

8 层栏杆

(b)

(c)

(a)

(b)

图1—5 宁波16年推出的住宅楼盘天御

（a）毛坯房；（b）精装修房

图1-6 门厅（门头）属灰空间，通常是由   图1-7 庭院设计通常也由室内设计师操刀
室内设计师设计改造（加拿大 Deita）   （宁波东悦府庭院）

如先进的设计理念、先进的运营模式、创新的设计手法、令人耳目一新的视觉效果，以及新颖的材料和应用、先进的施工工艺等。综合规划和系统设计必须符合时代的要求，最好能适度超越并引领时代要求。案例见图1-8～图1-11。

5.建筑室内设计作用

建筑实现预定功能和使用要求，空间展现独特的文化和艺术的风格，人们享受美好舒适的建筑环境。

这个层次有三个意思，六个关键词。

● 建筑实现<u>预定功能</u>和<u>使用要求</u>。这是建筑室内设计最基本的设计要求。案例见图1-12。

● 空间呈现独特<u>文化</u>和<u>艺术风格</u>。这是建筑室内设计的高端要求，只有呈现了独特的文化和艺术风格，才是有品位和有档次的设计。案例见图1-12。

● 人们享受<u>美好舒适</u>的<u>建筑环境</u>。这是建筑室内设计最终的要求。因为"美

图1-8 2017年马云体验"盒马鲜生"，吸引无数世人眼光（左下）
图片来源：http：//www.sohu.com/a/166177950-242086

图1-9 2017年7月阿里巴巴无人零售店"TAOCAFE淘宝会员店"面世，引起轰动（右下）
图片来源：http：//m.sohu.com/a/156257973_180092?_f=m-article_30_feeds_7

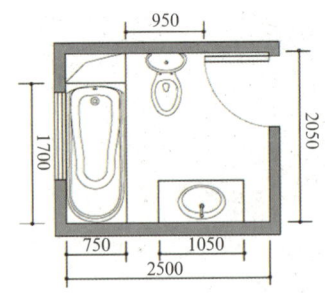

图 1-10 "TAOCAFE 淘宝
会员店"运用了很多被
称之为黑科技的新零售
技术，包括创新的无人
售货商场室内设计（左）
图片来源： http : //
www. eeyy.com/chanye/
20170710/114681.html

图 1-11 满足基本
功能的卫生间平面图
（右）

图 1-12 具有品位的
档次卫生间

化环境的需要、追求舒适和安逸的欲望、个性的表达张扬、解决问题中体现的
创造性是人类普遍的需求"。①

1.1.3 领域

建筑室内设计主要涉及三大领域。

1. 家装领域

即住宅建筑室内设计。主要围绕着个人和家庭的需求，展开住宅建筑室
内设计。具体有成套住宅和非成套住宅。

成套住宅指包含厨房和卫生间空间有一室以上的使用空间，能独立使用
的住宅。

---

① 卢安·尼森，雷·福克纳，萨拉·福克纳. 美国室内设计通用教材 [M]. 陈德民，陈青，王勇，
等译. 上海：上海人民美术出版社，2004.

分类有居住用地性质的低层住宅、中高层住宅、高层住宅和商业用地性质的公寓。案例见图1-13、图1-14。

空间类型有平层、跃层、复式、花园洋房、连排别墅、独栋别墅、宅院等。案例见图1-15～图1-21。

非成套住宅为不包含厨房或卫生间空间的住宅。主要存在于历史年代久远的老旧建筑之中。案例见图1-22～图1-24。

图1-13 拥有多种成套住宅样式的楼盘（宁波市东部新城楼盘"东方一品"）（上）

图1-14 商业性质的公寓平面图（杭州"金地自在城"1室2厅1卫1厨37.00平方米）（下左）

图片来源：http://zzhz.zjol.com.cn/05zzhz/system/2010/08/11/016839710.shtml

图1-15 平层住宅（绿地海外滩二期250平方米）（下右）

图片来源：宁波绿地海外滩二期户型广告

玻璃圆环，中间
艺术吊灯

白色涂料墙面

铁艺栏杆黄檀木
扶手

白色大理石柱
艺术墙龛，入墙20
厘米，突出5厘米
上装石英灯下面为
柚木贴面

卡钻大理石踢脚线

石英灯

白色大理石
台面

图 1-16　跃层住宅

图 1-17　复式住宅

图 1-18　花园洋房（姚江湾 170 平方米）
图片来源：宁波姚江湾一期户型广告

图 1-19　连排别墅

图 1-20　独栋别墅（宁波江南一品）

2. 公装领域

即公共建筑室内设计。主要围绕着公众和公建的需求，展开公共建筑室内设计。其分类有：行政空间（图1-25）、办公商务（图1-26）、学校（图1-27）、医院（图1-28）、商业空间（图1-29）、交通空间（图1-30）、

图1-21 宅院（北京观唐）
图片来源：北京观唐房地产项目广告

图1-22 老旧建筑中的非成套住宅
（英国人设计的上海隆昌公寓，建于20世纪20年代）
图片来源：http://bswj.net/m/shehui/77061.html.忽如远行客.沪版"猪笼城寨"隆昌公寓250户蜗居的筒子楼.2016-10-11

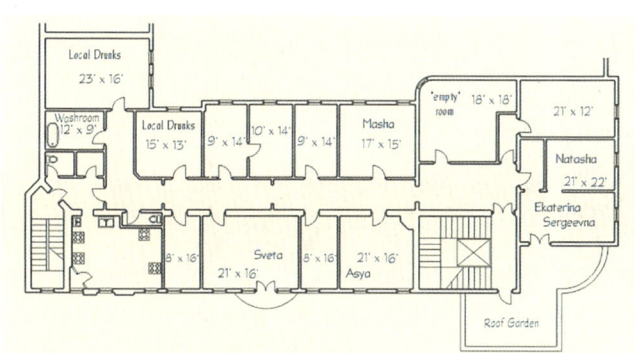

图1-23 筒子楼的平面图

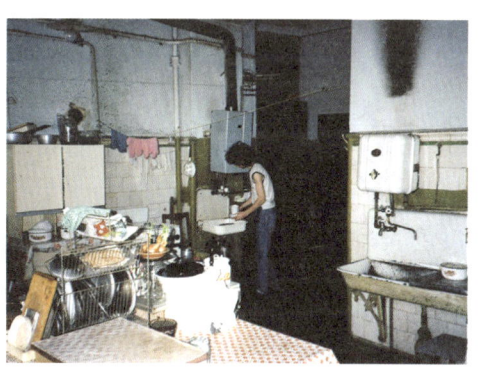

图1-24 筒子楼中拥挤的公用厨房

图1-25 行政建筑
（著名建筑师沙利宁设计的加拿大多伦多市市政厅）

图1-26 办公商务
（加拿大多伦多市市政厅市长办公室）

宗教空间（图1-31）、文化建筑（图1-32）、影院剧场（图1-33）、体育场馆（图1-34）、酒店宾馆（图1-35、图1-36）、餐饮（图1-37）、民宿（图1-38）等。

图1-27　学校建筑
（汕头大学图书馆室内设计）

图1-28　医院建筑
（高级护理病房室内设计）

图1-29　商业建筑
（加拿大HUDSON'S BAY购物中心室内设计）

图1-30　交通建筑
（北京机场T3航站楼室内设计）

图1-31　宗教建筑
（巴黎圣母院室内设计）

图1-32　文化建筑
（普利兹克奖获得者王澍设计的宁波博物馆室内）

图1-33 影院剧场
（扎哈·哈迪德作品广州歌剧院室内设计）

图1-34 体育建筑
（北京水立方体育馆室内设计）

图1-35 酒店（宁波万豪大酒店室内设计）（左）

图1-36 宾馆（卢森堡极简风格的宾馆"simomcini"室内设计）（右上）

图1-37 餐饮空间（汕头大学校内餐厅室内设计）（右下）

3. 特殊领域

除家装和公装外的特殊用途的建筑，如工业建筑、农业建筑、军事建筑、水利建筑等。这些建筑也需要室内设计，需要满足特殊的规范和标准。案例见图1-39～图1-41。

1.2 建筑室内设计历史、现状、展望

建筑室内行业随着时代的发展，其设计理念、空间布局、构造材料、装饰风格都在发生变化。本章节从建筑室内的历史、现状和展望三个方面阐述其在历史进程中的传承和发展。

图1-38 民宿（温州楠溪江民宿"君上"室内设计）（左上）

图1-39 工业建筑（全新F30宝马3系工厂室内设计）（右上）
图片来源：http://db.auto.sina.com.cn/photo/g7045-2.html#22228159

图1-40 工业建筑（清华大学美术学院雕塑工场室内设计）（左下）

图1-41 军事建筑（海南文昌航天发射场指控大楼指挥大厅）（右下）
图片来源：http://www.92to.com/shehui/2016/06-27/6386349.html

1.2.1 历史

1. 古代的建筑室内设计

1）中国古代建筑室内的主流是木构建筑，其特征如下：

在空间设计上，中国古建筑的发展分为四个时期：原始社会时期的巢居（图1-42）和穴居（图1-43）；封建社会前期因地制宜的秦汉风格建筑（图1-44）；封建社会中期气势恢宏的唐宋风格建筑（图1-45）；封建社会后期强调礼制的明清风格建筑（图1-46、图1-47）。

图1-42 巢居形式（左）
图片来源：笔者自摄

图1-43 穴居形式（中）
图片来源：笔者自摄

图1-44 秦汉建筑（右）
图片来源：笔者自摄

图1-45 唐宋建筑（左）
图片来源：http://www.mt-bbs.com/thread-145719-1-5.html?_dsign=d7966526

图1-46 明代民居（右）
图片来源：笔者自摄

图 1-47　清式建筑太和殿

图片来源：https：//www.vcg.com/creative/810055889

在建筑结构上，无论是抬梁式（图 1-48）、穿斗式（图 1-49），还是室内家具的构造都采用榫卯结构。

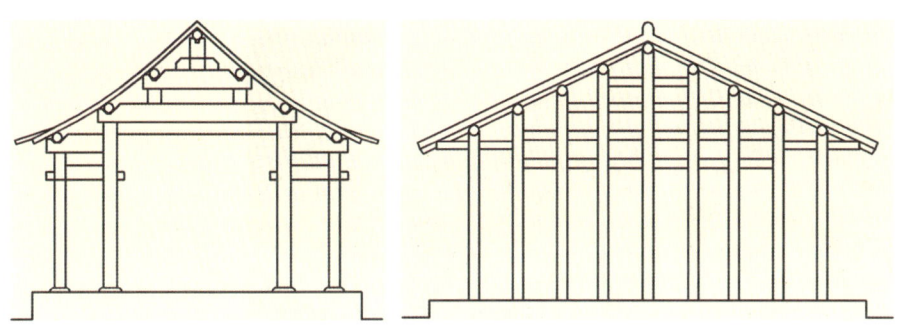

图 1-48　抬梁式（左）

图 1-49　穿斗式（右）

图片来源：http：//tieba.baidu.com/p/4155779567?traceid=

在室内装饰上，以木构造为主流。梁柱、牛腿、雀替、门窗、花罩、楼梯、栏杆等建筑和装饰构件清晰可见，局部辅之以中国吉祥图案为题材的木雕装饰（图 1-50～图 1-54）。图 1-50 祠堂内部清晰可见的木结构；图 1-51 月梁上雕刻着脍炙人口的民间故事；图 1-52 楼梯围栏上的团花雕刻，图 1-53 门上的吉祥纹样装饰，图 1-54 瓦当、雀替、牛腿上都有精美的雕刻。

在设计风格上，中国传统建筑的室内设计分为四个时期：即原始社会的二方连续平面花纹装饰风格（图 1-55）；秦汉时期的青铜浮雕装饰风格（图 1-56）；唐宋元明时期的简约风格（图 1-57）；清代的繁琐雕花风格（图 1-58）。

古时并没有室内设计师一说，从事建筑室内构筑的一般都为大木匠师，以鲁班为代表。鲁班锁（图 1-59）的发明对中国木构建筑影响巨大，中国传统建筑最重要的构件——斗拱（图 1-60）也源此而来。宋《营造法式》（图 1-61）和清《工程做法则例》（图 1-62）记载了我国古代建筑室内设计大量经典的规制，对后世的建筑营造起到了引领作用。

2）外国古代建筑室内设计历史以欧洲为代表，主流是石构建筑，其发展脉络如下。

图1-50　大木梁架结构（左上）

图片来源：笔者自摄

图1-51　月梁雕花装饰（左下）

图片来源：笔者自摄

图1-53　门窗团花雕刻装饰（右）

图片来源：笔者自摄

图1-52　栏杆花格装饰（左）

图片来源：笔者自摄

图1-54　瓦当、雀替、牛腿等装饰纹样（右）

图片来源：笔者自摄

图1-55　二方连续构成纹样（左上）

图片来源：潘谷西《中国建筑史》

图1-56　青铜浮雕风格（左下）

图片来源：http：//tieba.baidu.com/p/5005734006?red_tag=3152274692

图1-57　明代简约风格（中）

图片来源：http：//image.so.com/i?q=%E6%98%8E%E4%BB%A3%E6%9C%A8%E6%A4%85&src=srp

图1-58　清代繁琐雕花风格（右）

图片来源：潘谷西《中国建筑史》

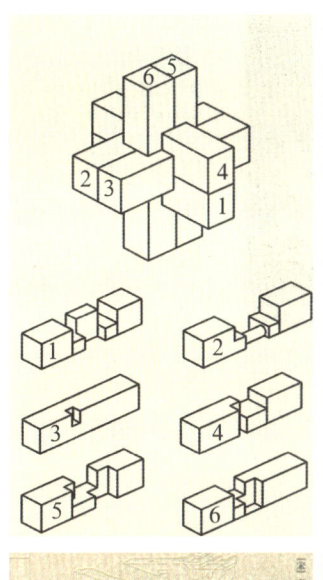

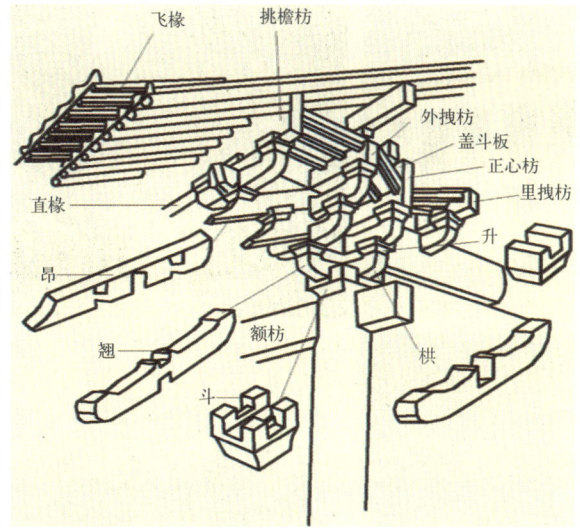

飞椽　挑檐枋
外拽枋
盖斗板
正心枋
里拽枋
直椽
升
昂
棋
翘　额枋
斗

图 1-59　鲁班锁组成
的解析（左）
图片来源：http:
//www.92to.com/
wenhua/2016/04-21/
3613172.html

图 1-60　斗棋组成的
解析（右）
图片来源：http://gj.
yuanlin.com/Html/
Detail/2017-1/30114.html

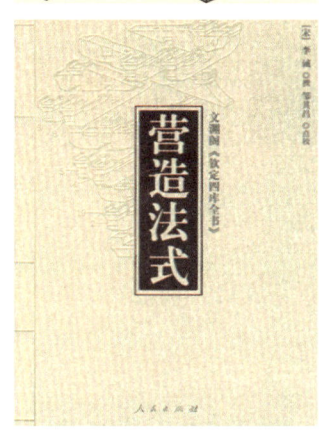

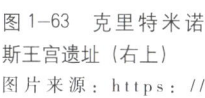

图 1-61　宋《营造法
式》（左上）
图片来源：http://www.
worlduc.com/blog2012.
aspx?bid=1056909

图 1-62　清《工程做
法则例》（左下）
图片来源：梁思成. 清工部
《工程做法则例》图解[M].
北京：清华大学出版社.

图 1-63　克里特米诺
斯王宫遗址（右上）
图片来源：https://
guoxue.chazidian.com/
jianzhu/14007/?only_pc=1

图 1-64　迈锡尼时期
的建筑遗存（右下）
图片来源：http://gj.
yuanlin.com/Html/
Detail/2017-1/30114.html

　　克里特（c.2000 ～ c.1500B.C.）（图 1-63 米诺斯王宫）→迈锡尼
（c.1500 ～ c.1100B.C.）（图 1-64 迈锡尼狮子门）→古希腊（c.1100 ～ c.100B.C.）
（图 1-65 帕提农神庙）→古罗马（公元 1 ～ 3 世纪）（图 1-66 罗马万神庙）→拜
占庭帝国（公元 4 ～ 15 世纪）（图 1-67 拜占庭风格圣索菲亚大教堂）→哥特
时期（公元 11 ～ 13 世纪）（图 1-68 哥特式建筑米兰大教堂）→文艺复兴时

图 1-65　古希腊帕提农神庙（左）

图片来源：http://www.kongfz.cn/9558679/53392/

图 1-66　古罗马万神庙（右）

图片来源：http://huaban.com/pins/360024955/

图 1-67　拜占庭风格圣索菲亚大教堂（左）

图片来源：http://www.bzw315.com/zx/style/347241.html

图 1-68　哥特式风格米兰大教堂（右）

图片来源：https://upload.wikimedia.org/wikipedia/commons/d/de/MailaenderDom.jpg

期（公元 14～17 世纪）（图 1-69 巴洛克风格澳门大三巴）→法国古典主义（17 世纪～18 世纪初）（图 1-70 法国古典主义凡尔赛宫）。

在这些时代进程中，其设计理念经历了从人本主义、君权主义、神权主义到文艺复兴四个阶段。古希腊提倡人本主义。例如，用人体的尺度设计了"三柱式"，代表男性的多立克柱式和代表女性的爱奥尼柱式与柯林斯柱式，并将这些柱式运用于建筑室内外（图 1-71、图 1-72）。

古罗马帝国到拜占庭帝国提倡君权主义。大部分宫殿、神庙、凯旋门、公共建筑等（图 1-73，图 1-74）规格都比较雄伟壮观，体现了至高无上的皇权。

在欧洲中世纪出现基督教，教会的哥特式建筑很快影响了整个欧洲。哥特式建筑采用了尖塔、束柱、框架结构、飞扶壁、玫瑰花窗、彩色玻璃等元素体现了宗教的至高无上和神秘感（图 1-75）。

图 1-69　巴洛克风格澳门大三巴（左）

图片来源：http://dajia.qq.com/original/activity/dajia20170125.html

图 1-70　法国古典主义凡尔赛宫（右）

图片来源：http://www.wenzhoutravelfrance.net/page.php?IDPage=12

欧洲思想解放是从文艺复兴时期的佛罗伦萨大教堂（图1—76）开始的。建筑室内的发展也跟着突飞猛进。各种建筑思潮、设计手法、构造材料、装饰风格百花齐放、与时俱进。例如：巴洛克风格（图1—77、图1—78）和法国古典主义。代表人物有米开朗琪罗、伯鲁乃列斯基、伯尼尼等。

图1—71　帕提农神庙内的雅典娜神像
图片来源：陈志华《外国建筑史》

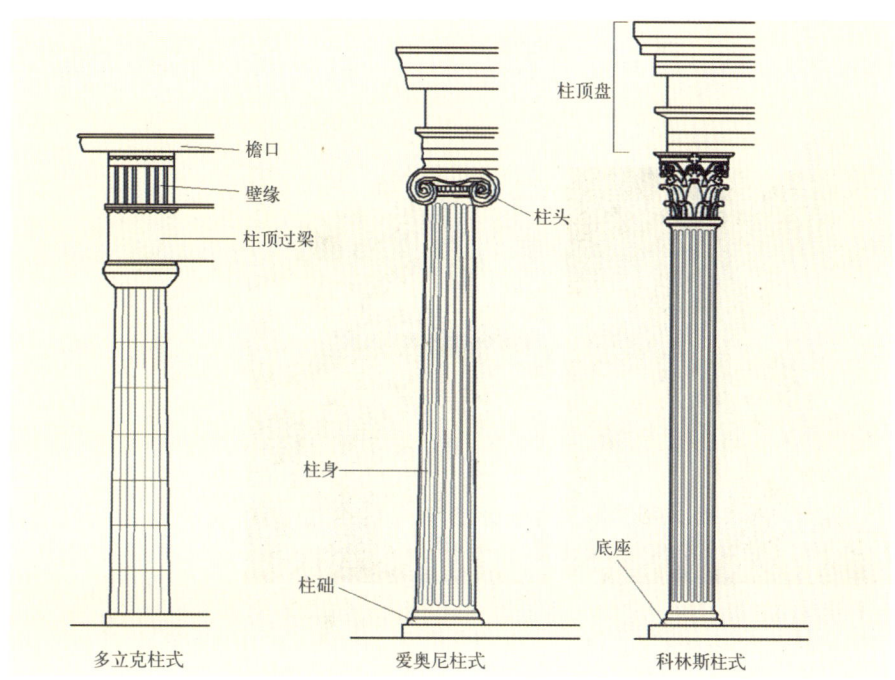

檐口
壁缘
柱顶过梁

柱头

柱身

柱础

多立克柱式

柱顶盘

爱奥尼柱式

底座

科林斯柱式

图1—72　希腊三柱式
图片来源：陈志华《外国建筑史》

图1—73　古罗马凯旋门（左）
图片来源：http：//www.sohu.com/a/144914385_231323

图1—74　古罗马斗兽场（右）
图片来源：http：//www.sohu.com/a/144914385_231323

2. 近现代建筑室内设计

欧洲工业革命开启了近现代建筑室内设计阶段。随着科技的发展，钢、玻璃和钢筋混凝土等建筑的材料产生，为设计师们的创作带来了灵感。例如高迪用混凝土创造了异型建筑装饰风格（图1—79、图1—80）；第一届世博会英国采用钢结构建造水晶宫（图1—81）；格罗皮乌斯的法古斯工厂采用钢和玻璃

图1—75 巴黎圣母院

图片来源：http://image.so.com/i?q=%
E5%B7%B4%E9%BB%8E%E5%9C%A3
%E6%AF%8D%E9%99%A2&src=srp

图1—76 佛罗伦萨大教堂内景

图片来源：笔者自摄

图1—77 圣卡罗教堂内景

图片来源：https://m.baidu.com/tc?from=bd_graph_mm_tc&srd=1&dict=20
&src=http%3A%2F%2Fdy.163.com%2Fv2%2Farticle%2Fdetail%2FDHUCP
0310518WDQJ.html&sec=1546783545&di=26bab690fec8fa3b&is_baidu=0

图1—78 圣卡罗教堂外景

图片来源：https://m.baidu.com/
tc?from=bd_graph_mm_tc&srd=1&dict
=20&src=http%3A%2F%2Fwww.ejdoo.
com%2Fnews.php%3Fid%3D2302&sec=
1546778494&di=de1f40557645046c&is_
baidu=0

图1—79 圣家族大教堂

图片来源：http://image.so.com/i?q=%E5%9C%A3%E5%A
E%B6%E6%97%8F%E5%A4%A7%E6%95%99%E5%A0%
82&src=srp

图1—80 巴塞罗那米拉公寓

图片来源：http://image.so.com/i?q=%E5%B7%B4%E
5%A1%9E%E7%BD%97%E9%82%A3CASA+MILA+&s
rc=srp

削弱了建筑的转角柱等（图1-82）。另一方面，近现代设计师们提出了新建筑、功能主义、少就是多等设计理念，体现了他们对现代建筑形式、满足居住者需求、反对传统装饰的追求与向往。

延伸阅读：扫描二维码1，查看近现代建筑大师信息简介表（部分人物）。

3. 当代建筑室内设计

当代建筑室内设计的标志性人物和作品是勒·柯布西耶的朗香教堂（图1-83），开创性理论是美国宾夕法尼亚大学建筑系系主任文丘里的《建筑的复杂性和矛盾性》，以宾夕法尼亚州栗子山母亲住宅（图1-84）为代表作品。随着科技进步、人们生活水平提高，人类的思维模式和欲望需求有了新的追求。涌现出一批以普利兹克奖（Pritzker Architecture Prize）获得者为主的当代设计师（图1-84～图1-90）。

延伸阅读：扫描二维码2，阅读当代建筑大师信息简介表（部分人物）。

二维码1

二维码2

图1-81　水晶宫
图片来源：http://www.sohu.com/a/215883385_157925

图1-82　法古斯工厂
图片来源：http://www.archcy.com/focus/
Architecturalstyleandgenre/e53c546a0c50f8ac

图1-83　柯布西耶作品　朗香教堂
图片来源：https://hf.focus.cn/zixun/079a8bd369aa13b3.html

图1-84　文丘里作品　宾夕法尼亚州栗子
山母亲住宅
图片来源：http://tuzhizhijia.com/nongcunfangwushejitu/4370.html

图1—85　迈耶作品　罗马千禧教堂

图片来源：http://www.sohu.com/a/237230881_725681

图1—86　扎哈·哈迪德作品　拉巴特大剧院

图片来源：http://blog.sina.cn/dpool/blog/slblog_87d71b480100xg7x.html

图1—87　贝聿铭作品　澳门科学馆

图片来源：http://www.ikuku.cn/post/66547

图1—88　安藤忠雄作品　光之教堂

图片来源：http://www.sohu.com/a/115804694_474145

图1—89　妹岛和世作品
New　Art　Museum

图片来源：http://ziliao.co188.com/
d55544912.html

图1—90　王澍作品　宁波博物馆

图片来源：http://baike.sogou.com/v65470040.htm

1.2.2 现状

1. 国际建筑室内设计现状

从 20 世纪 90 年代起，国际建筑室内设计师们开始关注建筑空间与人、自然、社会之间的关系。首先，设计师们通过硬性或软性的处理手法来增加其空间感，创造出适合居住者使用的功能空间。其次，通过研究自然，创造顺应自然、胜于自然的建筑空间。如日本建筑师石上纯也通过研究天空、雨、树林、云等自然元素创造出较多实验性建筑室内空间。同时，他提出的消隐空间也备受世界设计师们的关注（图 1-91）。再则，部分设计师通过建筑室内设计来解决相应的社会问题，如：集合式住宅设计、城中村民宅改造、古建筑改造等。

2. 国内建筑室内设计现状

早期，我国大部分建筑室内设计师们处于一种理论基础薄弱、设计能力差、理性思维欠缺、语言表达模糊、盲目仿造的状态。

中期，随着我国经济实力的高速增长，大牌国际建筑机构和大师纷纷进入我国，再加上现代设计资讯的高度发达、设计教育的进展，我国的建筑室内设计飞速进步。国际先进设计手法如简约风格、功能主义、地区风格、时尚风格等越来越多地被国内设计师所吸收，并逐步融入我国特有的历史文化涵养，作品越来越有设计含量，越来越受专家认可。

直至当今，我国高端的室内设计，如大型的高铁车站、机场、公共建筑、高端的商业、旅游、文化建筑的室内设计水平不但已经完全与世界接轨，有些甚至令国外同行惊叹！最典型的案例是王澍的代表作"宁波博物馆"。除了震撼人心的外观形象，室内设计也同样出色。2012 年获得普利兹克奖，获奖的原因可从普利兹克奖颁奖词得到："讨论过去与现在之间的适当关系是当今一个关键的问题，因为中国当今的城市化进程，正在引发一场关于建筑

图 1-91 石上纯也作品 神奈川工科大学 KAIT 学生工坊

图片来源：http://www.thecoolist.com/kanagawa-institute-of-technologys-glass-building

应当基于传统还是只应面向未来的讨论。正如所有伟大的建筑一样，王澍的作品能够超越争论，并演化成扎根于其历史背景，永不过时并具有世界性的建筑"。

可以说，我国的室内设计已经经历了从简单模仿，到吸收消化，再到独立创新三个阶段。

仅举 2017 年亚太室内设计大奖几例获奖作品，可以从侧面管窥我国当今室内设计水平。

Shanghai Hip-pop Architectural Decoration Design Co., Ltd. 获得 2017 年亚太室内设计大奖——商业类金奖作品"雪月花日本料理"（图 1-92）。

纬图建筑设计装饰工程有限公司获得 2017 年亚太室内设计大奖——居住类金奖作品"管宅"（图 1-93）。

纬图建筑设计装饰工程有限公司获得 2017 年亚太室内设计大奖——会展类金奖作品"PONE 巢想体验馆"（图 1-94）。

延伸阅读：扫描二维码 3，访问亚太室内设计大奖评奖网站，欣赏各类获奖作品；扫描二维码 4，访问室内设计师访谈网址，查看更多室内设计师的相关信息。

二维码 3

二维码 4

1.2.3 展望

展望未来，我国的建筑室内设计总体上将与我国的经济发展同步，整体水平还将快速提升。尖端室内设计师的设计作品将游走在世界的前沿领域。以下几个方面值得大力探索。

图 1-92 雪月花日本料理

图 1-93 管宅（左）

图 1-94 PONE 巢想体验馆（右）

图1-95　王澍作品　水岸山居

图1-96　丹下健三作品　代代木体育馆

图片来源：https：//m.baidu.com/tc?from=bd_graph_mm_tc&srd=1&dict=20&src
=http%3A%2F%2Fblog.alighting.cn%2Fsztattss%2Farchive%2F2015%2F9%2F22
%2F369325.html&sec=1546821952&di=b7dc2b232c3c5b57&is_baidu=0

图片来源：https：//www.ys137.com/lvyou/385305.html

1. 以人为本的设计理念

空间设计的本质一直以来都是以人为本。未来也是如此，设计对人们生活的物质和精神需求的挖掘和理解将会越来越深入。

2. 强化文脉的设计特色

文脉为文化的脉络，其主要体现了某个区域的地域性发展特色（图1-95、图1-96）。如果设计师们一味地崇尚流行元素，而忽略文脉，不仅会使文脉消失，同时还会使得自身作品缺乏差异性。王澍的作品即为文脉传承的典范。

3. 多功能化的深入探索

如何应对当今社会不断增多的城镇人口和有限的居住条件？怎样才能让使用者在限定的空间中享受到更多的使用功能？日本《全能住宅改造王》、东方卫视《梦想改造家》、邹广天《建筑计划学》和周燕珉《住宅精细化设计》等都在探讨这个课题。其次，日本著名建筑师妹岛和世提出的"空间不确定性"，即某一空间在不同情境下可能会产生不同的使用功能，也为空间多功能化提出了新的概念。

4. 可持续化设计的追求

设计师不能满足设计作品落成时的一时辉煌，而要考虑建筑室内空间使用者长期使用时功能便利、能耗经济、环境友好、健康安全、更新便捷等可持续化的问题。绿色设计是可持续化设计的重点，也是未来行业发展的趋势。要在设计环节确保采用环保、节能、无公害等设计技术和手段。另外，装配式建筑室内营造技术也会得到大力发展，它将大大减少现场装修所产生的建筑污染和建筑废料。大量可再次使用的建筑装饰材料，如复合地板、复合板材将重点推广。今后需要拆除时，这些装配式的建筑构件和材料还能得到再次利用。

5. 数字技术将广泛应用

采用新技术提高生产力成为了新时代发展的必经之路。首先，在建筑室内设计中 VR、AR、MR 技术成为了趋势（图1-97）。很多装饰公司都开始绘制 VR 效果图，并通过 VR 眼镜或手机 APP 让客户享受装修模拟体验（图1-98）。

图 1-97　VR 效果图

图片来源：笔者自绘

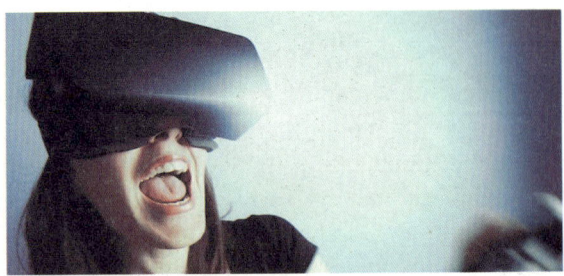

图 1-98　VR 客户体验

图片来源：http://blog.163.com/galar_cn/blog/
static/262113036201664105334 82?ignoreua

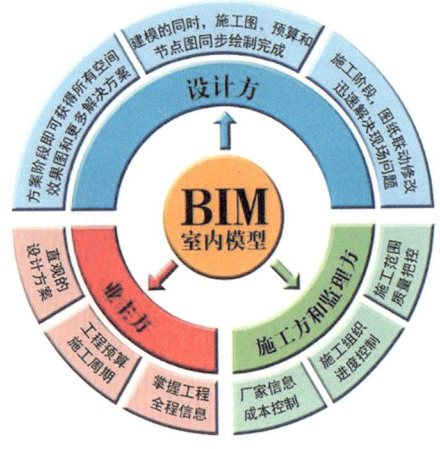

图 1-99　BIM 室内设计工作模式

图 1-100　扎哈·哈迪德作品　广州歌剧院

图片来源：http://art.china.cn/products/2016-04/01/content_8678814.htm

为了整合建筑模型信息和达到建筑信息化管理，我国建筑行业采用了 BIM 技术，把建筑室内设计提到一个新的高度（图 1-99）。非线性设计和参数化技术为设计师的想象力开辟无穷的空间。许多高难度建筑、自由曲线形态、复杂外形的设计手法不再成为设计禁区（图 1-100）。

1.3　建筑室内设计学科、专业、行业

1.3.1　学科

学科是用于科学研究的知识体系分类。学科体系有学科门类、一级学科、二级学科之分；学科内容有主干学科和相关学科之分。学科名称和代码可以从《学科分类与代码》GB/T 13745—2009 查得。

1. 学科的门类与级别

建筑室内设计学科隶属于工学学科门类。一级学科是"土木建筑工程"，二级学科是"土木建筑工程设计"。学科门类与学科级别见表 1-1。

2. 学科的主干与相关

主干学科指本专业核心学科所涉及的知识体系。相关学科指与本专业密切相关的知识体系。主干学科与相关学科见表 1-1。

建筑室内设计学科隶属与学科级别表　　　　　　表1-1

代码	学科名称	学科级别/性质
5	**工学**	**学科门类**
560	**土木建筑工程**	**一级学科/主干学科**
56010	建筑史	二级学科/相关学科
56015	土木建筑工程基础学科	二级学科/相关学科
56020	土木建筑工程测量	二级学科/相关学科
56025	建筑材料	二级学科/相关学科
56030	工程结构	二级学科/相关学科
56035	土木建筑结构	二级学科/相关学科
56040	**土木建筑工程设计**	**二级学科/主干学科**
56045	土木建筑工程施工	二级学科/相关学科

注：以上引自：https://baike.baidu.com/item/中华人民共和国学科分类与代码国家标准。

1.3.2　专业

专业是用于学历教育的知识分类体系，本科、高职高专有不同的专业门类划分。

1. 专业概况

1）专业基本信息

（1）专业名称（代码）。建筑室内设计（540104）。

（2）所属专业大类及专业类（代码）。土建类（54）→建筑设计类（5401）。

（3）入学要求。普通高级中学毕业、中等职业学校毕业或具备同等学力。

（4）基本修业年限。三年。

（5）对应行业。建筑装饰业。

（6）主要职业类别。专业化设计服务人员（4-08-08）（社会上约定俗成的职业为"室内设计师"，国家认可的职业资格有注册建造师、注册建筑师，国家规定的职称为工艺美术师。）

（7）毕业生规格。设计员（室内设计员）。

（8）考证要求。目前无。

2）相邻专业及关系。与本专业密切相关的高职高专相邻专业有8个建筑设计类专业。其相关信息及与本科接续的专业见表1-2。

在上述相邻专业中，与建筑室内设计专业关系最密切的是建筑装饰工程技术专业（540102）。很多学校建筑装饰工程技术专业有室内设计方向，其教学内容和培养目标与本专业大同小异。与其他专业的关系也都是你中有我，我中有你。例如：建筑室内设计也会涉及古建筑专业中的古建筑室内装饰，还会涉及园林设计中的庭园设计。建筑室内设计高职高专与本科相邻专业关系见图1-101。

此外，高职高专专业目录中另外有一个文化艺术大类（65），其中的艺术

高职高专专业类/代码/学制	专业代码/专业名称	主要对应职业	接续本科专业/代码	本科专业门类/代码/学制
54/土木建筑大类			工学门类/08&艺术学门类/13	
建筑设计类/5401/三年	540101/建筑设计	建筑工程技术人员	建筑学/082801	建筑类/0828/四年/五年
			城乡规划/082802	建筑类/0828/四年
			风景园林/082803	建筑类/0828/四年
	540102/建筑装饰工程技术	建筑工程技术人员	建筑学/082801	建筑类/0828/四年/五年
		建筑装饰技术人员	环境设计/130503	设计学类/1305/四年
		风景园林工程技术人员	风景园林/082803	建筑类/0828/四年
		土木工程技术人员	土木工程/081001	土木类/0810/四年
	540103/古建筑工程技术	建筑工程技术人员	建筑学/082801	建筑类/0828/四年/五年
		古建筑修建人员	风景园林/082803	建筑类/0828/四年
		土木工程技术人员	土木工程/081001	土木类/0810/四年
	540104/建筑室内设计	建筑工程设计技术人员	建筑学/82801	建筑类/828/四年/五年
		环境设计技术人员	环境设计/130503	设计学类/1305/四年
		风景园林设计技术人员	风景园林/082803	建筑类/0828/四年
	540105/风景园林设计	风景园林设计技术人员	风景园林/082803	建筑类/0828/四年
			环境设计/130503	设计学类/1305/四年
			城乡规划/082802	建筑类/0828/四年
			建筑学/082801	建筑类/828/四年/五年
	540106/园林工程技术	建筑工程技术人员	风景园林/082803	建筑类/0828/四年
		林业工程技术人员	环境设计/130503	设计学类/1305/四年
		绿化与园艺服务人员	城乡规划/082802	建筑类/0828/四年
	540107/建筑动画与模型制作	建筑工程技术人员	建筑学/082801	建筑类/828/四年/五年
			风景园林/082803	建筑类/0828/四年
			数字媒体技术/130508	设计学类/1305/四年
城乡规/5402/与管理类/三年	540201/城乡规划	建筑工程技术人员	城乡规划/082802	建筑类/0828/四年
			建筑学/082801	建筑类/828/四年/五年
			风景园林/082803	建筑类/0828/四年

☐ 相邻专业　　▨ 本专业

注：本表数据引自《高职高专专业目录》（2015）和《普通高等学校本科专业目录》（2017）。

设计类（6501）中有些专业与土建大类（54）建筑设计类中（5401）的专业高度重合，见表1-3。

　　那么，建筑室内设计与室内艺术设计它们两个专业有什么同异？同的是这些专业面对的领域都是建筑的室内空间。异的是设计的侧重，艺术设计类更注重室内空间的艺术设计表现，而建筑室内设计类则更注重建筑室内设计艺术与技术的实现。从招生角度而言，建筑室内设计专业是理科招生，而室内艺术

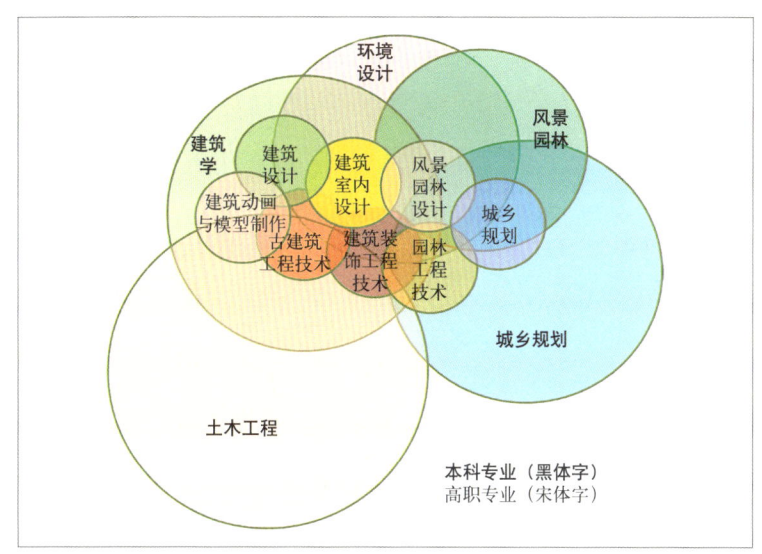

图1-101 建筑室内设计高职高专与本科相邻专业关系图

艺术设计类专业及相邻专业/代码/本专科接续/学制/对应职业类别表 表1-3

高职高专专业类/代码/学制	专业代码/专业名称	主要对应职业	接续本科专业/代码	本科专业门类/代码/学制
65/文化艺术大类			艺术学门类/13&工学门类/08/	
艺术设计类/6501/三年	650109/室内艺术设计	专业化设计服务人员	环境设计/130503	设计学类/1305/四年
			建筑学/082801	建筑类/0828/四年或五年
			艺术设计学	
	650110/展示艺术设计		环境设计/130503	设计学类/1305/四年
			建筑学/082801	建筑类/0828/四年或五年
			艺术设计学	
			工艺美术	
	650111/环境艺术设计	—	环境设计/130503	设计学类/1305/四年
			建筑学/082801	建筑类/0828/四年或五年
			艺术设计学	设计学类/1305/四年
			城乡规划	建筑类/0828/四年

注：本表数据引自：《高职高专专业目录》（2015）和《普通高等学校本科专业目录》（2017）。

设计专业是艺术类招生。生源不同，学生素质相差大。相对于建筑室内设计专业中理工科色彩较浓的课程，艺术类生源学习起来相对困难。当然，就艺术表现而言，理科生源也相对薄弱。

一个重要的说明。在社会上对建筑室内设计专业有比较多类似的称谓，如建筑装饰设计、室内装饰设计、室内环境设计、建筑装潢设计、建筑装修设计等。这些不同的称谓面对的设计对象相同，都是为了完善建筑室内功能与环境，只是工作重心略有差别。在高职阶段，我们不必拘泥于其中的细微差别，全部可以与建筑室内设计这一个概念同等看待（例如建筑室内设计＝建筑装饰设计＝室内装饰设计＝建筑装潢设计）。否则容易造成概念混淆。

2. 培养目标

我们将在 3.1.1 设课依据中详细讲述。

3. 培养规格

我们将在 2.3 职业要求中详细讲述。

4. 培养模式

高职高专建筑室内设计专业培养学生的主要模式有工学结合、任务驱动、项目导向、现代学徒制、工作室制等。

1.3.3 行业

行业是从事同类工业、商业、企事业单位的类别，泛指职业。建筑室内设计属于建筑装饰行业。

1. 行业概况

建筑室内设计所属行业为建筑装饰。

据中国建筑装饰协会调查研究，截至 2017 年底，全国建筑装饰企业总数约为 25 万余家，全国建筑装饰行业共有上市公司 23 家。全行业从业者队伍约为 1646 万人。其中新接收高职院校毕业生约 20 万人，行业内接受过高职系统教育的人数达到 287 万人。2018 年行业从业者队伍结构进一步优化。生产、施工一线接受过高职专业技能教育的比例持续升高。

2015 年，全国建筑装饰行业完成工程总产值 3.73 万亿元，比 2016 年增加了 33 万亿元，增长幅度为 9.7%，快于宏观经济增长速度。到 2018 年，我国建筑装饰行业的产值达到 4.3 万亿元。2017 年上半年公布的各行业净利润中，建筑装饰行业名列第 4 位，达 636 亿元，见图 1-102。这些都有力保证了对高职专业技能人才的持续强劲需求。

2. 企业概况

建筑室内设计企业在住房和城乡建设部的企业管理中，归属于建筑装饰装修工程设计与施工企业。这类企业属于完全市场竞争状态。同类企业众多，竞争异常激烈。企业类型有行业领军企业，规模达到住房和城乡建设部甲级设计资质要求；行业骨干企业，规模达到住房和城乡建设部乙级设计资质要求；小型企业，规模达到住房和城乡建设部丙级设计资质要求。

1）建筑装饰工程设计企业。资质分甲级、乙级、丙级三个级别。资质标准扫描二维码 5，阅读从住房和城乡建设部网站下载的文件。三个级别的企业其经营范围如下。

二维码 5

（1）甲级企业。可承担建设工程项目的装饰装修设计，其规模不受限制。

（2）乙级企业。可承担合同额 1200 万以下的建设工程项目的装饰装修设计。

（3）丙级企业。可承担合同额 300 万以下的建设工程项目的装饰装修设计。

2）建筑装饰装修工程设计与施工企业。资质分一级、二级、三级三个级别。其营业范围如下。

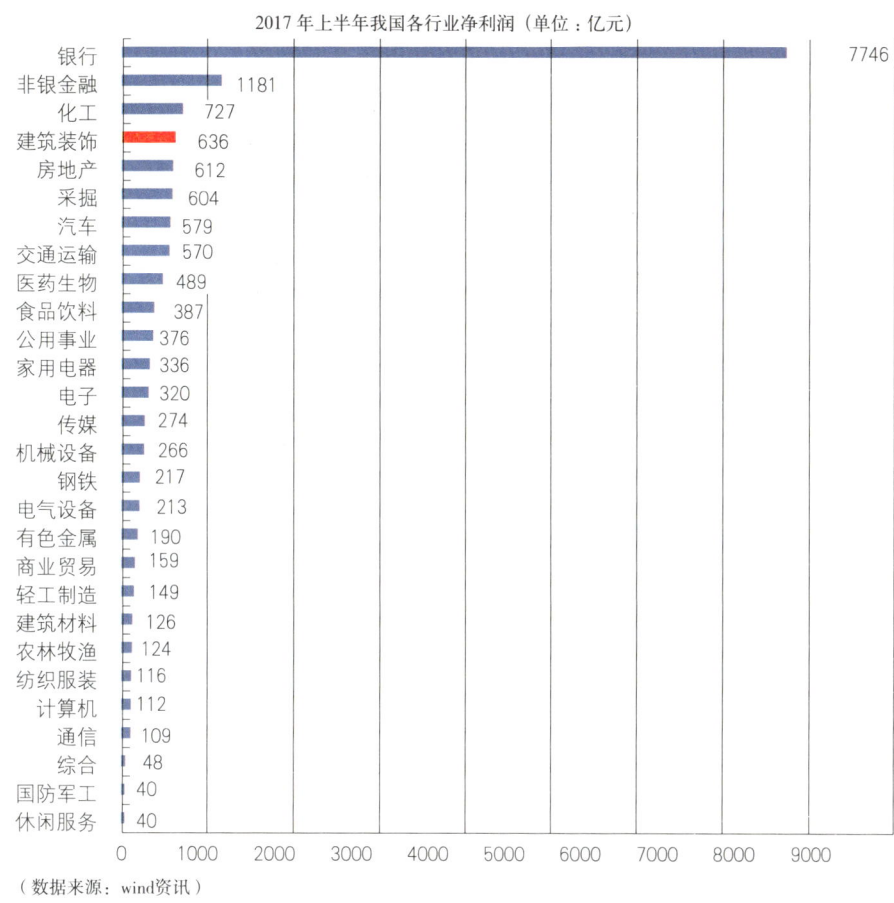

（数据来源：wind资讯）

图1-102　2017年上半年我国各行业净利润图

取得建筑装饰装修工程设计与施工资质的企业，可从事各类建设工程中的建筑装饰装修项目的咨询、设计、施工和设计与施工一体化工程，还可承担相应工程的总承包、项目管理等业务（建筑幕墙工程除外）；

（1）取得一级资质的企业可承担各类建筑装饰装修工程的规模不受限制（建筑幕墙工程除外）；

（2）取得二级资质的企业可承担单项合同额不高于1200万元的建筑装饰装修工程（建筑幕墙工程除外）；

（3）取得三级资质的企业可承担单项合同额不高于300万元的建筑装饰装修工程（建筑幕墙工程除外）。

3. 管理机构

各级建设行政管理部门。

1）国家级管理机构：住房和城乡建设部；

2）省级管理机构：住房和城乡建设厅；

3）市、县级管理机构：住房和城乡建设局（委）。

管理事项主要有：行业管理、资质申报、规范制定、职称评审、人员培训、违法处罚、奖项申报等事项。

图 1-103　中国建筑学会网站主页截屏图

4. 学术团体

1）国内学术团体

(1) 中国建筑学会。网址：http：//www.chinaasc.org/，网站主页见图 1-103。

中国建筑学会（The Architectural Society of China）是全国建筑科学技术工作者组成的学术性团体，主管单位为中国科学技术协会、住房和城乡建设部。

学会于 1953 年 10 月 23 日成立。著名建筑专家梁思成、杨廷宝先生历任学会领导人。学会集中了中国建筑界各专业最优秀的专家、学者和工程技术人员，为政府推进城乡建设最可靠的智囊和助手。

学会宗旨是以推进中国建筑文化的大发展大繁荣为中心，贯彻科教兴国和可持续发展战略，团结和组织全国广大建筑科技工作者，坚持"百花齐放，百家争鸣"的方针，倡导严谨、求实的学风，促进建筑科学技术的进步和发展、普及和推广，促进科技人才的成长和提高，为我国城乡建设事业服务。

学会坚持"学术追求、行业引领、政府助手、会员之家"的办会方针，主要任务包括：开展建筑理论研究和实践经验交流；组织国际科技合作与交流；编辑出版科技书刊；普及科学知识，推广先进技术；开展继续教育和技术培训工作；举荐和奖励优秀科技成果与人才；为行业发展提供政策与技术咨询；反映会员的意见和要求；办好会员之家，为广大会员和工程技术人员服务。

学会理事会现设立 10 个工作委员会，学会下设二级组织 43 家，包括 23 个直属分会、20 个学术／专业委员会（扫描二维码 6 查看学会下设二级组织架构，更新至 2018 年 4 月 20 日），涵盖了建筑师和 14 类工程师群体、20 个建筑工程研究领域和 9 个建筑学术研究领域。学会的地方组织是全国除台湾地区以外的 31 个省、自治区、直辖市建筑（土木建筑）学会，学会与各地方学会是业务指导关系。

学会现有个人会员 10 万余人，包括会员、资深会员、名誉会员、学生会员、外籍会员；现有团体会员三百多家。学会委托地方学会协助发展会员，并实行属地管理。

二维码 6

学会编辑出版的刊物有《建筑学报》、《建筑结构学报》、《建筑知识》等。学会设有"梁思成建筑奖"、"建筑设计奖"两个奖项，以表彰和鼓励国际、国内建筑界工程技术人员的工作和贡献。

中国建筑学会于 1955 年以国家会员身份加入了国际建筑师协会（UIA），1989 年以国家会员身份加入了亚洲建筑师协会（ARCASIA）。此外，与英国皇家建筑师学会、美国建筑师协会、日本建筑学会、俄罗斯建筑师联盟、韩国建筑学会、中国香港建筑师学会、匈牙利建筑学会、波兰建筑学会等数十个国家和地区相关组织建立学术交流和友好合作关系。

中国建筑学会秘书处设在北京市，内设机构有综合部、学术部、国际部、会员部、科普及培训部、财务部、《建筑学报》杂志社有限公司、《建筑结构学报》杂志社有限公司、《建筑知识》杂志社有限公司。

以上简介来源于 CHINAASC 网页，更多介绍请点击该网站。

（2）中国建筑学会室内设计分会。网址：http://www.chinaasc.org/news/87.html，介绍页面见图 1—104。

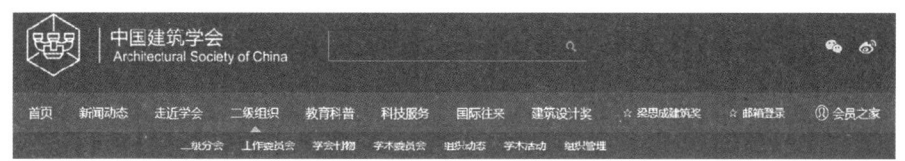

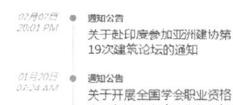

图 1—104　中国建筑学会室内设计分会网页截屏图

中国建筑学会室内设计分会成立于 1989 年，是中国室内设计师的学术组织。分会的宗旨是：团结室内设计师，提高中国室内设计的理论与实践水平，探索具有中国特色的室内设计道路，发挥室内设计师的社会作用，维护室内设计师的权益，发展与世界各国同行间的合作，为我国现代化建设服务。

分会每年举行一次年会或国际学术交流会，至今已经分别在北京、常州、上海、青岛、成都、深圳、大连、佛山、福州、西安等地举办过。主题分别是：传统与现代室内设计、商业建筑室内设计、创新与民族化的探索、探索中国室内设计创新之路、21 世纪的室内设计、居住环境设计、当代中国室内设计、人居环境、21 世纪室内设计发展的趋势、亚洲室内设计文化的发展趋势等，对中国室内设计的发展和促进当地设计水平的提高发挥了重要作用。室内设计师沙龙是分会常年在全国各地举办的学术交流活动，主题结合设计实际、形式灵活多样，深受设计师的欢迎。

图 1-105 中国建筑学会室内设计分会独立网站主页截屏图

分会目前有会员通讯《中国室内》和《中国室内设计年刊》以及参与协办的《室内设计与装修》、《家饰》、《装饰装修天地》等刊物，还有中国室内设计网www.ciid.com.cn，近几年还出版了国内大奖赛作品选、室内设计论文选、亚洲室内设计优秀作品选、优秀论文选等专业书籍。

以上简介来源于CHINAASC网页，更多介绍请点击该网站。

（3）中国建筑学会室内设计分会独立网站。网址：http：//www.ciid.com.cn/主页见图1-105。

中国建筑学会室内设计分会（简称CIID），前身是中国室内建筑师学会，是在住房和城乡建设部中国建筑学会直接领导下、民政部注册登记的社团组织。CIID是获得国际室内设计组织认可的中国室内设计师的学术团体，是中国权威的学术组织。

以上简介来源于CIID网页，更多介绍请点击该网站。

2）国际学术团体

（1）国际建筑师协会。网址：http：//www.uia-architectes.org/，网站主页见图1-106。

国际建筑师联盟（UIA）是代表世界建筑师的唯一全球性组织，目前估计会员总数约为320万。UIA于1948成立于瑞士洛桑，通过设计改善社区的政策和方案。

以上简介来源于UIA网页，更多介绍请点击该网站。

（2）亚洲建筑师协会。网址：http：//www.arcasia.org/，网站主页见图1-107。

亚洲建筑师协会理事会是亚洲建协的最高权力机构，由每个会员学会的两名代表组成。

该组织本身是各成员机构区域规划和关系的延伸。

图1-106 国际建筑师
协会网站主页截屏图

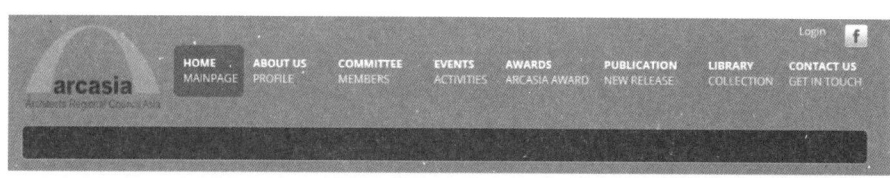

图1-107 亚洲建筑师
协会网站主页截屏图

　　每年在不同的成员国国家举行会议，审议和给予集体指导，影响亚洲地区建筑行业。

　　目标：

● 在民主基础上联合亚洲地区各国建筑师学会，建立友好、理智、艺术、教育和科学的联系；

● 培养和保持各成员机构之间的专业联系、相互合作和协助；

● 在国家和国际层面代表各成员机构建筑师；

● 促进社会对建筑师这一角色的认可；

● 促进建筑师和建筑行业的发展和教育以服务社会；

● 促进建筑环境领域的研究和技术进步。

以上简介来源于 ARCASIA 网页，更多介绍请点击该网站。

★ 实践教学

1.4 行业认识实践

1.4.1 本地室内行业及名企介绍

由学校邀请本地行业领导、企业负责人做讲座。

主题1：本地建筑装饰行业发展概况；

主题2：本地知名室内设计企业运行情况。

时间安排：2～4学时。

1.4.2 本地企业调研

在上述负责人报告的基础上，由课程指导教师引导，考察2～3家本地建筑室内设计及施工企业。重点考察企业运行模式、组织架构、设计师岗位主要职责、薪酬结构、发展前景。学生在考察过程中要主动记笔记、拍照、收集资料。

时间安排：2～4学时。

1.4.3 团队作业

PPT制作与汇报：本地知名室内设计企业介绍。

根据本地企业调研情况，撰写一份本地室内设计企业介绍。本作业以团队形式进行，4～6人组织一个团队，选举一位负责人。团队成员有分工、有合作，共同完成本项课程实践。

在班会上交流各个小组的团队作品，同学开展互相点评。

详细要求见6建筑室内设计专业入门训练任务书。

★ 教学指南

1.5 教学安排

1.5.1 教学内容与教学目标

本章教学内容与教学目标见表1—4。

1.5.2 教学建议

1. 建议学时

理论4学时、实践4学时。

2. 教学方法

1）有条件的学校使用课程APP，推荐使用超星学习通。老师在上面自建课程。每次作业均可在课程APP上布置、上传、批改。老师要引导学生详细了解课后作业的要求，指导学生按要求完成课程任务。

教学内容与教学目标表

表1—4

教学内容	性质	教学单元	教学要点	知识点	要求
建筑室内设计及其专业概述	理论教学	1.1 建筑室内设计定义、内涵、领域	1.1.1 定义	建筑室内设计的定义	应用
			1.1.2 内涵	1.建筑室内设计主体；2.建筑室内设计要求；3.建筑室内设计对象；4.建筑室内设计内容；5.建筑室内设计作用	掌握
			1.1.3 领域	1.家装领域；2.公装领域；3.特殊领域	了解
		1.2 建筑室内设计历史、现状、展望	1.2.1 历史	1.古代的建筑室内设计；2.近现代建筑室内设计；3.当代建筑室内设计	了解
			1.2.2 现状	1.国际建筑室内设计现状；2.国内建筑室内设计现状	应用
			1.2.3 展望	1.以人为本的设计理念；2.强化文脉的设计特色；3.多功能化的深入探索；4.可持续化设计的追求；5.数字技术将广泛应用	了解
		1.3 建筑室内设计学科、专业、行业	1.3.1 学科	1.学科的门类与级别；2.学科的主干与相关	了解
			1.3.2 专业	1.专业概述；2.培养目标；3.培养规格；4.培养模式	了解
			1.3.3 行业	1.行业概况；2.企业概况；3.管理机构；4.学术团体	了解
	实践教学	1.4 行业认识实践	1.4.1 本地室内行业及名企介绍	本地室内行业及本地名企介绍	了解
			1.4.2 本地企业调研	本地企业调研	了解
			1.4.3 团队作业	团队作业：本地知名室内设计企业介绍	应用
	教学指南	1.5 教学安排	1.5.1 教学内容与教学目标	1.教学内容；2.教学性质；3.教学单元、教学要点、知识点；4.教学要求	参考
			1.5.2 教学建议	1.建议学时；2.教学方法	参考
			1.5.3 教学资源	详见5 建筑室内设计专业教学资源	参考

2）组建 QQ 课程群，在群内进行课程互动，交流答疑。

3）课程＋行业认知实习模式，理论部分根据课程安排实施教学，实践部分可集中1～2周时间安排讲座、考察、撰写实习日记和实习报告等，作为行业认知实习的主要内容。

4）也可在新生入学之初进行1～2周集中专业教育和行业认知实习。

5）采用艺科交融的 CDIO 的教学模式。详见参考文献 [1]。

1.5.3　教学资源

要引导学生经常访问本教材 "5 建筑室内设计专业教学资源" 延伸阅读部分，扫描二维码获取各类建筑室内设计专业教学资源。

2

建筑室内设计专业职业岗位

★ 理论教学

2.1 职业岗位

2.1.1 职业岗位

1. 职业面向

建筑室内设计专业毕业生就业主要面向建筑装饰装修行业建筑室内设计及施工、咨询、管理等企事业单位。主要从事居住建筑、公共建筑（餐饮、酒店、会展、办公等空间）的室内设计工作，也可从事与之相关的施工、咨询、管理等工作，见表2-1、图2-1。

			建筑室内设计专业职业面向表		表2-1
所属专业大类	所属专业类	对应行业	主要职业类别	主要岗位类别（技术领域）举例	职业资格（职业技能等级）证书举例
土木建筑大类（54）	建筑设计类（5401）	建筑装饰业（50）	专业化设计服务人员（4-08-08）	室内设计领域	—

注：本表数据引自《高等职业学校建筑室内设计教学标准》（2018）。

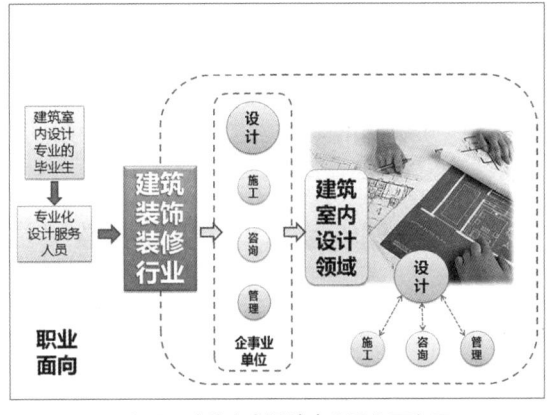

图2-1　建筑室内设计专业职业面向图

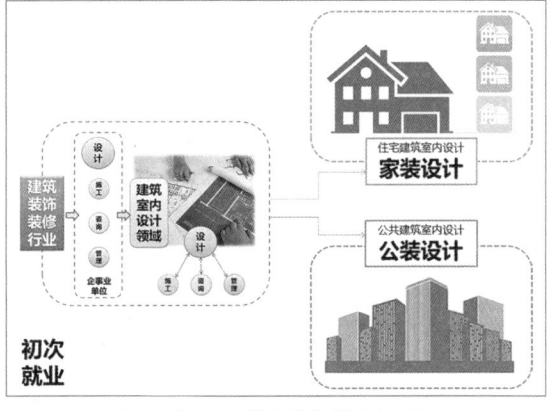

图2-2　初次就业岗位的两个方向

2. 初次就业

建筑室内设计专业初次就业岗位为室内设计企业的设计员岗位，以及施工、咨询、管理等企事业单位的相关岗位，从事住宅建筑室内设计或公共建筑室内设计工作（图2-2）。

以《住宅建筑室内设计》课程服务对象——家装设计岗位为例，主要工作包括家装的整体设计如承担家装公司的全包项目设计，也可以在家具、厨具、软装、灯具等专业公司就业，专门从事这些单项设计工作（图2-3）。

以《公共建筑室内设计》课程服务对象——公装设计岗位为例，可以在公装领域的综合型设计公司或酒店、餐馆、商业、会展等专业型设计公司的设计岗位从事公装设计工作（图2-4）。

图2-3　家装设计岗位可从事整体或单项设计

图2-4　公装设计可进综合型或专业型设计公司

还可以在效果图公司专做效果图，在建筑设计院从事室内工程施工图深化设计。除设计员的岗位外，还会涉及施工、咨询、管理等企事业单位的室内工程施工、概预算、监理、工程管理等相关工作岗位。这些岗位可能不需要直接做建筑室内设计，但需要懂建筑室内设计的人员来做这些相关工作。

3. 上升空间

设计师的成长道路与其他专业技术人员的成长道路是类似的。都是要一步一个脚印，一个一个设计项目，一个一个成功案例，一个一个设计作品，一个一个获奖，一个一个岗位逐步上升。也可以随时独立创业，从一人企业开始，逐步发展。在建筑室内设计企业内部职级上升的台阶见图2-5。

设计师知名度的获得主要通过成果案例和市场口碑的积累。获得不同等级的奖项是成功的加速器。在这个过程中，要努力取得被政府认可的资格或职称，见图2-6。

4. 职业资格

在设计员岗位工作三年后可参加二级注册建造师资格考试。考取二级注册建造师7年后，可参加一级注册建造师资格考试，获取相关证书后（图2-7），即可从事相应岗位的工作。

还可以以"相近专业"的资格，参加二级注册建筑师资格考试和后续的一级注册建筑师资格考试（图2-8）。当然在参加考试前，需要自学很多建筑学方面的专业知识。

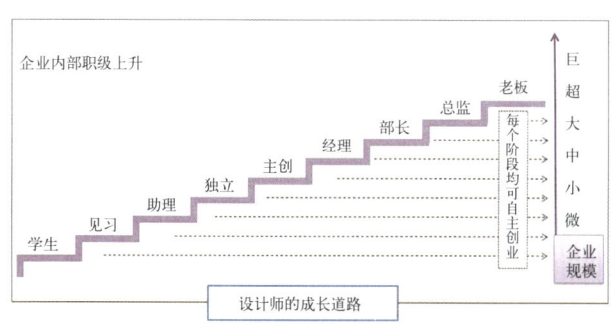

图2-5　设计师成长历程

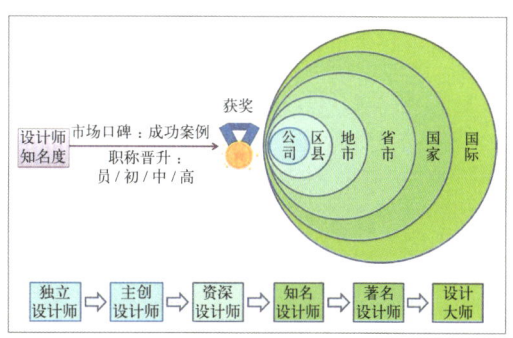

图2-6　设计师知名度的获得

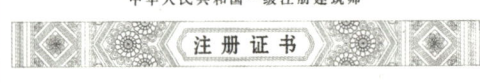

图2-7 二级注册建造师注册证书（左）

图2-8 一级注册建筑师注册证书（右）

5. 专业技术职称

室内设计工作者可以纳入国家承认的"工艺美术师"系列的评审。分助理工艺美术师、工艺美术师、高级工艺美术师三个职级。到一定年限可以参加相关专业技术职称资格评审。

2.1.2 职业性质

1. 职业性质

设计的职业属于现代服务业。其发展本质上来自于社会进步、经济发展、社会分工的专业化等需求。它具有智力要素密集度高、产出附加值高、资源消耗少、环境污染少等特点，含知量与含金量都很高。

2. 服务对象

室内设计师是为需要住宅建筑室内设计或公共建筑室内设计的组织或个人提供相关设计服务。

组织包括各类企事业单位，如需要办公空间设计的政府机关、大小公司，需要餐饮、旅游、会展等空间设计的相关企业。还包括一些专业公司，如房地产企业需要的住宅样板房设计，又如设计外包公司等。

个人包括家庭自用的住宅室内设计和个体经营者需要的公共空间如餐馆、民宿、酒店、办公等场所的室内设计。

3. 职业称谓

具有一定资历的设计人员社会上通称为设计师，从事建筑室内设计工作则在社会上简称为"室内设计师"（下面均以此称谓）。这个称谓是长期以来约定俗成的，国家职业体系中并没有这个称谓，但社会上是认可这个称谓的，反而是"工艺美术师"这个称谓不被社会熟知。

4. 职业魅力

室内设计师的工作极具魅力，具体表现在以下三个方面：

1）创新性。每个项目都有需要设计师进行设计创新，赋予设计以新的理念和效果。社会不愿为没有创新的重复设计埋单。创造一个新的方案、探索一种新的思路，不是一件容易的事。设计师需具有开阔的眼界、敏锐的思维能力、丰富的想象力和深厚的知识积淀。特别是遇到全新的项目，极富挑战性。这时设计师需要结合过去的经验和创造性的探索，进行设计创新。

2）权威性。设计师具备扎实的专业知识和严谨的工作态度，一切设计表达必须符合艺术规律和技术标准，遵循国家或地方设计标准和施工规范，从而体现高度的权威性。对业主不合规要求要以国家法规之名加以规范和劝导，最终多数业主是会认定和尊重设计师的权威性；对施工者来说，设计师的设计图纸即是工作的依据和执行标准；对监理和检验方来讲，设计文件就是验收标准。设计师的每一个构想、每一根线条都意味着一个施工命令，它决定着设计的效果、施工的方法，更体现了业主的经济投入和其他投入，同时它也关系到工程的质量和安全。

3）积累性。设计师的水平和知名度随着一个一个项目的设计积累逐渐提高。设计师越是资深，越受业主欢迎。越来越多的业主乐于为资深设计师支付高额设计费，因为资深设计师是设计品质的保证。越是重要的项目越需要资深设计师、知名设计师担纲，这已成为普遍的社会现象。

2.1.3 职业任务

职业任务是建筑室内设计。如前所述，主要是家装设计和公装设计，但都分为前期洽谈、方案设计、后期服务三个阶段（图 2-9）。家装设计流程（图2-10）和公装设计流程（图 2-11）有一些区别。

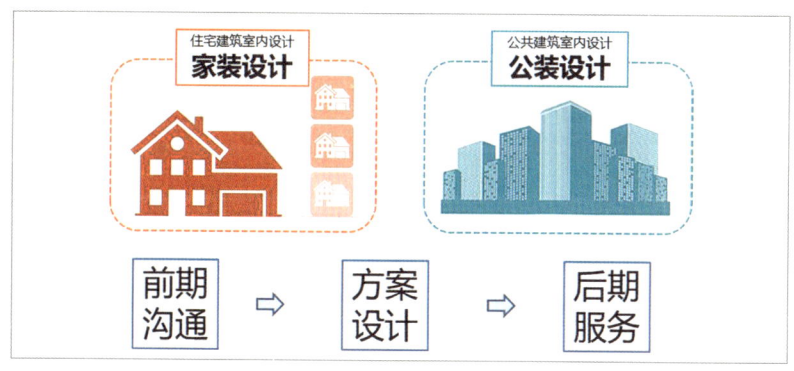

图 2-9 三阶段设计流程

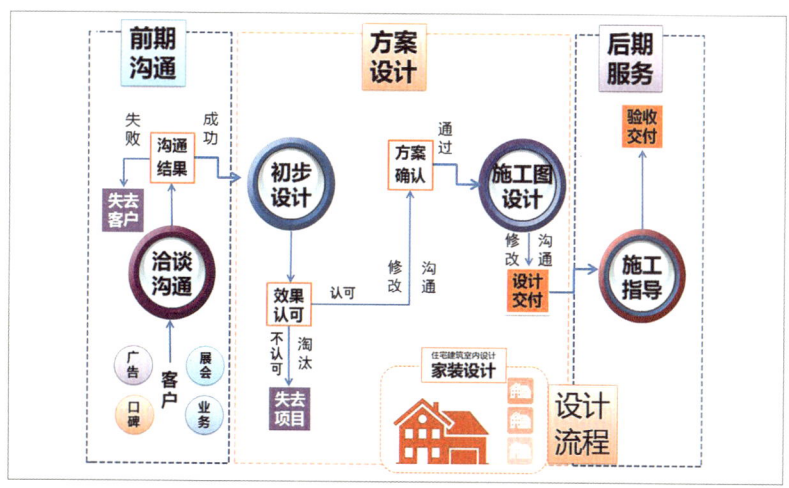

图 2-10 家装设计流程

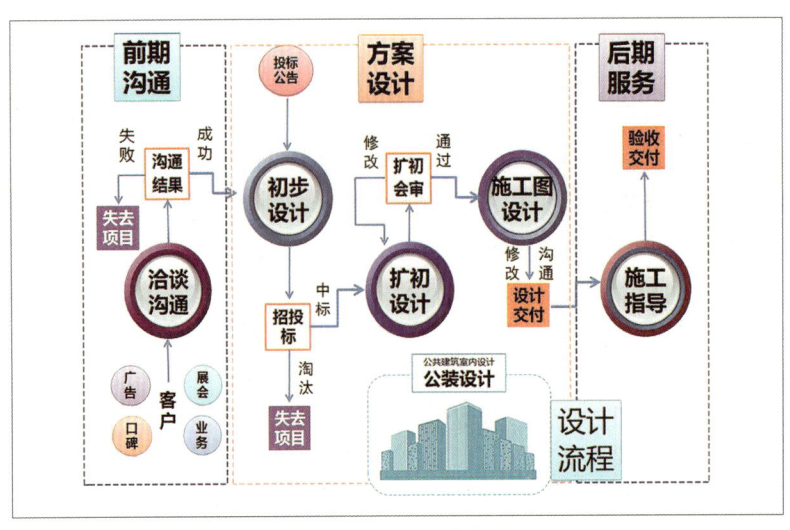

图 2-11　公装设计流程

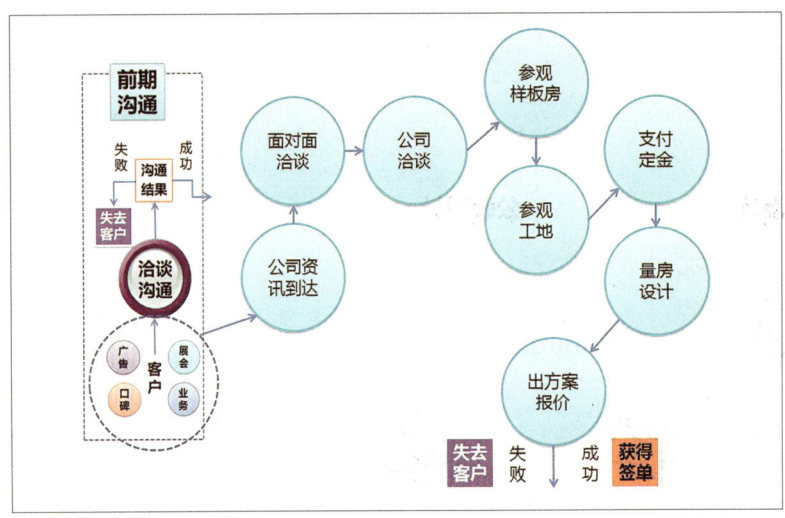

图 2-12　前期洽谈展开流程

1. 前期沟通

展开流程见图 2-12。主要任务是回答客户的咨询,这是设计师的关键工作,没有这一步就没有下一步。

设计师在接受新的设计任务之前,必定会接受业主的业务咨询。在咨询的过程中向业主阐释设计师的设计理念、设计思路,同时与业主沟通操作方法、设计要求、价值取向、设计进度、设计费用等事项。达成一致后,才会签署设计合同,办理相关手续及事务,进入设计环节。相反,达不成一致,就会失去客户。

这个环节叫"前期沟通",其核心能力是语言表达能力、应变能力和沟通能力。

2. 方案设计

展开流程见图 2-13。方案项目设计师的核心工作,设计才华、设计双创

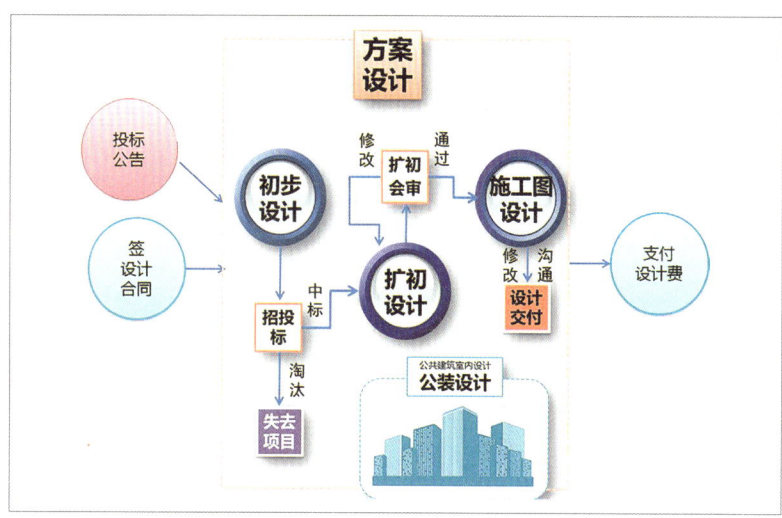

图 2-13　方案设计展开流程

能力都在这个阶段展开。

1）初步设计阶段。本阶段的主要任务是设计创意。设计师必须正确理解业主的意图，充分发挥创造力，规划设计出具有冲击力、吸引力、有特色的作品。

初步设计需要提供三种形式的设计文件：①一张总平面图，反映设计项目总体功能布局；②若干张效果图，模拟设计项目主要部位的设计效果；③一套创意说明，要把自己的设计理念、设计构想、设计思路、设计特点用通俗、准确、有创意的语言表达出来。

小型的设计项目一般将这三种文件做成一个设计文本，提交业主。同时需要向业主进行介绍和答疑。

公装设计项目，特别是中、大型的设计项目需要参加设计招投标。需要将这三种文件做成一个设计技术标，辅之以作品画册或 PPT、动画漫游、展板等辅助文件以及一个设计报价的商务标。以上设计文件在设计招标说明会上要整体提供。主创设计师还需要对项目进行说明，并回答业主的各种疑问。

如果是招投标项目的初步设计一般还会需要提供三种形式的设计文件：①作品画册或 PPT；②特别重大项目还要做设计漫游动画的专题视频；③展板。

初步设计中标后才有资格进入下一个设计环节，没有中标的就被淘汰。

2）扩初设计阶段。通过初步设计后，就进入扩初设计阶段。这个阶段，设计师除了要按业主提出的意见进行修改外，还需补充完成其余未完成的方案设计。需要提供比初步设计更丰富的设计文件。扩初设计通过扩初会审。

扩初设计提供评审以后，方案设计阶段就完成了。

以上两个阶段的设计主要是设计理念的传达和艺术设计。

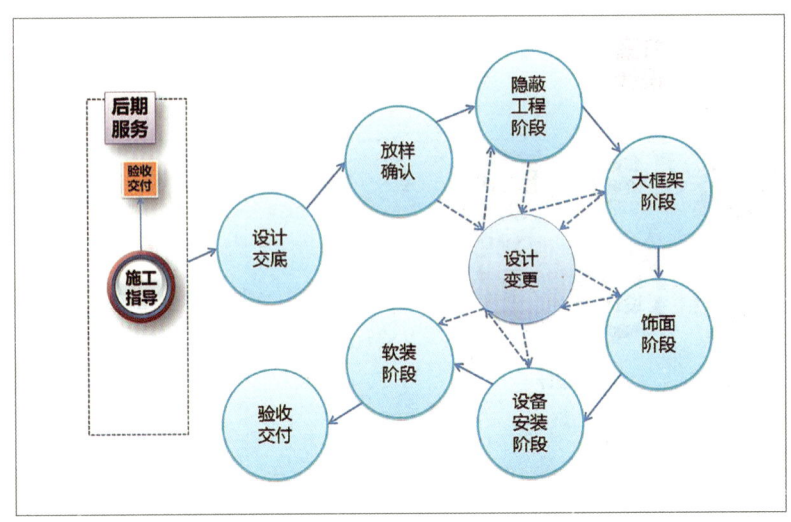

图 2-14　后期服务展开流程

3）施工图设计阶段。通过扩初会审后，就进入施工图设计阶段。这个阶段要把设计方案转化为可实施的符合工程规范和制图规范的工程技术文件，既要把界面、构造、材料、施工工艺等艺术细节交代清楚，还要把建筑结构改建、水电、消防、安防、空调、电梯等设备安装的技术细节交代清楚。除此之外还要提供材料、设备、家具、软装等成品清单。这是一套完整的施工技术方案，施工方可按图施工，造价方可按图预决算，监理方按图监督，检验方按图验收。

以上三个阶段就是通常说的"方案设计"。其核心能力是设计双创能力和工程表现能力，当然也包括语言表达能力、应变能力和沟通能力。

3.后期服务

展开流程见图 2-14。

1）施工指导。项目设计结束后工程就会进入施工阶段。施工开始前，需要设计师进施工现场，对设计方案进行技术交底和施工指导。

技术交底是由设计师解释设计文件，将设计的要点、特点、技术关键、注意事项等向施工方交代清楚，使施工者在施工过程中有的放矢。复杂的工程技术交底可能有多次。在整个施工过程中，必定会产生若干意想不到的技术问题，所遇问题都需要设计师进行施工指导，逐一解决。

2）参与验收。工程项目的最终质检和验收虽不是设计师的法定责任，但一般业主都会邀请设计方参加，检验施工质量及设计效果的实现。

这个过程叫"设计后服务"，其核心能力是沟通协调能力、现场应变能力、观察检验能力。

3）业主代理。实际工程项目中设计师常会受业主的委托，代理业主办理某些事务，因为设计师是最了解设计要求的。代理业务主要包括与施工方、材料供应方、监理方及管理部门协调某些工程业务。代理业务不是必需的"设计后服务"，而是设计服务的延伸，可以向委托者收取独立的费用。

2.2 职业特点

2.2.1 地位与作用

1. 龙头地位

设计师在建筑装饰行业和建筑室内工程的整体运作中处于龙头地位。舞龙的效果好不好全在于龙头舞动的效果，只有龙头舞起来，才能带动龙身、龙尾做相应的动作。设计师就是这个行业中的龙头。他决定工程项目的艺术效果、形式、布局、功能、尺度、材料；决定工程项目的施工技术和施工工艺。设计师理念先进、设计水平高，整个项目效果才有可能好。一个项目若设计平庸，施工技术再好工程也不会出彩。在建筑装饰行业和室内工程中，所有其他技术人员如结构工程师、建造师、材料制造商、各工种技术人员等都围绕着设计师和设计方案在运转。在特殊情况下，由于工程项目的实地情况变化或由于新事物、新技术产生，只有在设计师的设计变更文件出具并经甲方认定后，方可实施。

设计方案足够先进，设计师足够权威，才能确保建筑室内工程项目的最终效果亮眼、出彩，著名的设计师一直是业界追捧的对象，像香港十大顶尖设计师之一的梁志天（Steve Leung，见图 2-15），其杰出作品获得室内设计界多项举足轻重的殊荣，包括 Andrew Martin International Awards、亚太室内设计大奖、美国的 IIDA 国际室内设计年度大奖、酒店设计的 Gold Key Awards 及 Hospitality Design Awards 等，超过 80 项国际和亚太区设计及企业殊荣。其设计作品深受广大业主，特别是著名地产商的喜爱，在内地一线城市做了大量的样板房。好多楼盘，以此为卖点，屡试不爽，足显设计名家的龙头地位。

2. 关键作用

设计师在建筑室内工程的整体运作中起到至关重要的作用。

1）加快理念创新，推动技术进步。在设计行业里，最重要的竞争就是设计理念的竞争。设计理念是设计的灵魂，好的设计师其设计思路总是在不断地变化、发展、进步。只有理念不断创新才能让人耳目一新（图 2-16）。由此催生新的技术、新的工艺，推动技术不断进步。

图 2-15 香港十大顶尖设计师之一的梁志天 (Steve Leung)（左）
图片来源：http://blog.sina.cn/dpool/blog/s/blog_9105bc9201018xe8.html

图 2-16 马岩松设计的哈尔滨大剧院全新的视觉形象来自于先进的设计理念（右）

图2-17 王澍设计的
宁波博物馆室内设计
空间形象地域特色鲜
明,用材绿色环保（左）

图2-18 设计师现场
施工指导（右）

2）美化各类环境，提高环境效能。设计师的工作就是美化各类环境，如居室环境、办公环境、公共环境等，提高这些环境的效能、舒适和文明程度。不同的环境需要依据不同的要求与原则处理。空间的内、外部形式不仅要美，而且还要功能合理、布局科学、使用舒适、绿色环保、节能可持续（图2-17）。

3）指导施工技术，确保工程质量。建筑室内工程项目的施工过程，必须在设计师的指导下完成。设计构想必须由设计师在工程现场对施工技术人员进行关键点的具体指导，方可确保工程质量及原定设计效果的呈现（图2-18）。

4）优化工程设计，降低整体造价。如果要降低工程的造价，首先应该从设计环节入手。只有设计优化，才有工程优化。优化的设计必定没有冗余的功能、无用的配置、多余的构造、无理的技术要求、不必要的高档材料，这样才能从源头上降低造价（图2-19）。

2.2.2　现实与理想

设计师最大的心愿是能实现自己的设计理想，但往往理想是丰满的，现实却是骨感的。由于建筑室内工程是一项复杂系统工程。一个工程项目,涉及业主、建筑设计方、室内设计方、委托管理方、装修施工方、工程监理方、物业使用方等,

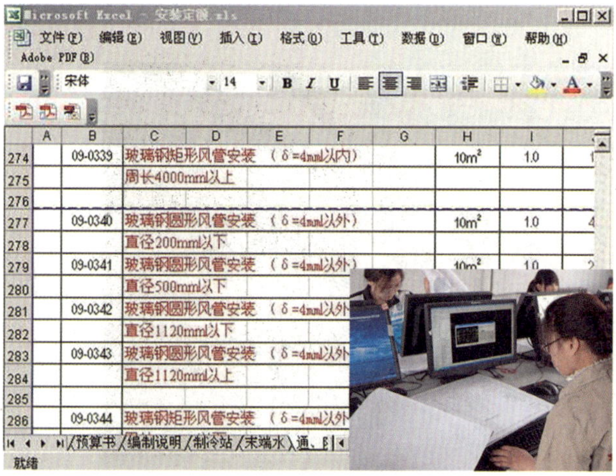

图2-19　精打细算的
设计预算

他们虽然最后的目标一致，但实施的过程中，涉及诸多具体问题却会有不同的看法和诉求，各有各的利益追求，甚至利益碰撞。设计师夹在其中往往会无所适从。最终设计师的设计愿望能否实现往往与以下因素有密切关系。

1. 业主想法

设计师与业主的关系是委托与被委托的关系。设计师只有在充分地了解业主后、进行良好的沟通与协调，才能最终创造出迎合业主意图的工程效果。能与业主投缘是幸运的，要好好珍惜。

2. 经济基础

与业主经济承受能力不相当的设计是不现实的、也是无法实现的。项目设计过程中，在保证效果的同时，必须控制工程项目的造价。

3. 施工技术

好的设计构想必须依靠现有施工技术才能得以呈现。因此设计师必须关心和思考施工技术方面的诸多问题，并主动加以解决。这样设计愿望最终才能顺利实现。

4. 装饰材料

理想的设计效果必定依赖理想的装饰材料，选取现有装饰材料，或与材料商合作制造出新的材料是实现设计理想的有效途径。

5. 社会因素

设计师在设计时必须将空间与社会、政治、法律、民族、宗教、文化、时尚、风俗、习惯等复杂的社会因素相关联考虑，绝对不要与之冲突。

以哈尔滨大剧院为例，马岩松创作的这个作品，无论室内还是室外都是自由流动的曲线形成的令人震撼的空间形象（图 2-20）。这样一个高技术的建筑设计作品，在设计师的理想与现实五个方面实现了高度平衡。

在业主想法和经济基础方面，当地政府急需有一个叫得响的文化项目带动新区发展，需要有能力的设计大师操刀，做一个地标性建筑。财政资金给予大力支持，其造价完全可以承受。事实上这个作品落成以后，极大地提振了哈尔滨新区的开发，投入产出效益极高；在施工技术方面，虽然施工技术难度极高，但在当前 BIM 技术的支撑下也是可以实现的；在材料方面，这个大剧院展现的强大的视觉冲击力，细究起来，所有材料都唾手可得。例如大面积使用的木材饰面，就是当地盛产的水曲柳。其他如玻璃、铝板、大理石等也都是常规材料；在社会因素方面政府、商界、文化界、民众都需要这样提气的高端文化项目改善城市形象。当然也给设计师增添了一个优秀作品案例。所以，无论从哪方面讲这都是一个成功的作品。最近落成的扎哈在中国的遗作——长沙梅溪湖国际文化艺术中心项目也是非常震撼的一个案例。

2.2.3 机会与成长

伴随着改革开放和国内经济的高速发展，室内设计行业也非常繁荣。设计师是备受关注的职业，职业也被媒体誉为"金色灰领职业"。年薪十万元并

图 2—20 哈尔滨大剧院室内外形象

不罕见。设计总监、设计项目负责人年收入可达数十万元甚至更多。有能力的室内设计师受到市场追捧。面对高速发展的行业，我国室内设计专业人才供应出现较大缺口，所以室内设计师就业前景非常看好。

1. 机会多

选择余地大。房地产公司、建筑公司、装饰公司、设计公司、展览展示公司、家具行业等均可以选择就业。高速发展的建筑业需要大量专业设计人才。室内设计师入行门槛比较低，没有执业资格的要求。关联行业均可就业，也便于兼职和创业，能力更重于学历。

2. 收入高

设计师收入来源丰富，薪酬结构大多是"底薪＋业务提成＋设计提成"，只要你踏实肯干、设计质量高，业务源源不断。

3. 成长快

室内设计属于朝阳产业，发展空间相当广阔。加之就业机制灵活，业务源源不断，锻炼机会很多。只要你肯动脑筋，善于创新，不断加深艺术素养，创作优秀作品的机会也很多，成长很快。尤其是创意点子多、手绘能力强、电脑表现技法娴熟、情商高，很快就会成为设计精英。

2.3 职业要求

职业要求包括具有从事建筑室内设计专业职业所必需的职业素质、专业知识、执业能力。换言之它是建筑室内设计专业毕业生的培养规格。

2.3.1 职业素质

1.《高等职业学校建筑室内设计专业教学标准》的表述

1）坚定拥护中国共产党领导，在习近平新时代中国特色社会主义思想指引下，践行社会主义核心价值观，具有深厚的爱国情感和中华民族自豪感；

2）崇尚宪法、遵法守纪、崇德向善、诚实守信、尊重生命、热爱劳动，履行道德准则和行为规范，具有社会责任感和社会参与意识；

3）具有质量意识、环保意识、安全意识、信息素养、工匠精神和创新思维；

4）具有自我管理能力、职业生涯规划的意识，有较强的集体意识和团队合作精神；

5）具有健康的体魄、心理和健全的人格，掌握基本运动知识和一两项运动技能，养成良好的健身与卫生习惯，良好的行为习惯；

6）具有一定的审美和人文素养，能够形成一两项艺术特长或爱好。

2.解读

职业素质是通用素质＋专门素质的总和。通用素质是对所有职业院校毕业生的要求，专业素质是本专业毕业生的专门要求。以上6条有些是通用素质要求，有些是专门素质要求。

第1条是思想政治素质要求；第2条是公民素质要求；第3条是职业素质要求；第4条是通用职业素质要求；第5条是身心素质要求；第6条是人文素养要求。看上去这些素质要求似乎对所有专业都适用，但过于宽泛的要求会让人无所适从。就建筑室内设计业毕业生而言，对某些要求还是要做专门的解读。

1）设计职业品质。"履行道德准则和行为规范"对建筑室内设计毕业生而言，除了普遍的道德准则和行为规范之外，主要是指设计职业道德和行为规范，也可以归纳为设计职业品质。这是对从事设计这一职业的人需要特别强调的品质要求。

①设计诚信。设计师的诚信是设计师重要的职业品质。设计师缺乏诚信的表现有：抄袭别人的设计、把别人的设计成果作为自己的、大量地克隆自己的设计、推卸设计责任、故意误导客户、不设身处地地为客户考虑、为了自己的利益而损害客户的利益等。在设计界的少数设计师或多或少存在着如上缺乏诚信的现象。这样做其实是十分短视的，设计师一旦失去了诚信，在设计圈的声誉是很难挽回的，随之将逐渐无法在设计界生存。

②设计责任。设计师必须为自己的设计负责。设计是需要通过施工实现的，

设计的直接的物质成本是很低的，但设计导致的工程成本远远大于设计的物质成本。设计师在安全问题上，特别在结构设计阶段，一定要严格按照设计规范和设计标准进行，不可因为可控因素而埋下设计的安全隐患。设计师对自己的设计一定要深思熟虑，最终设计请同行加以品评、论证，对于结构、消防、设备、环保等事关生命安全的设计问题一定要慎之又慎。

③设计理想。设计师要有自己的设计理想，敢于追求、敢于坚持、敢于负责。在客户面前一定要有理有据阐释自己的设计作品，同时把自己的设计理想和追求传递给客户并深刻影响之。对于客户提出的有价值的意见，一定要当场吸收；对自己认定是对的、好的设计就应该想方设法坚持，但也不要就此排斥有价值的不同意见，应该争取有礼貌地说服他们，使设计最终以尚佳的形式、手段等呈现。

④设计道德。作为职业室内设计师，在遵守法律法规的同时，道德和行为上必须遵守业界长期形成的准则和规范，致力于为客户提供专业的设计服务，"诚实守信、相互尊重是立足于社会的基石"是设计师与客户、员工与企业、职员与职员之间关系的基本准则。加强设计师职业道德建设、提高设计师职业素质，对弘扬民族精神和时代精神、形成良好的社会道德风尚、促进设计行业的健康发展具有十分重要的意义。

⑤设计进取。我们面对的是一个终身学习的社会，知识更新快，设计师必须不断充电。设计师在处理自己繁忙的设计业务的同时，要时刻留意相关各方面的新动向、不断学习才能紧跟时代的步伐。

2）设计文化素养。"具有一定的审美和人文素养"对建筑室内设计业毕业生而言，重点是良好的设计文化素养。它是设计师获得声誉的重要的保证，也是区别匠人还是艺术家的标志。设计师需要具备多方面的设计文化素养。

①历史文化的素养。一个优秀的设计师对历史文化具有自己独特的见解，并能把文脉很好地延伸在自己的作品中，使自己的设计项目能够成为经典作品。例如梁志天设计公司的作品"Grosvenor Plac"的家居设计，在其家具、灯具、艺术品、织物的选配中既能读出几千年中华历史文脉的遗韵，又极具现代感（图2-21）。

②民俗文化的素养。每个地区都有自己特有的民俗文化。设计作品中特色的、精彩的民俗文化特别能引起人们内心的共鸣。善于在民俗文化中发掘提炼有特色的、美的东西，作为设计元素和符号运用在自己的作品中，使自己的作品具有鲜明的特色（图2-22）。

③时尚文化的修养。建筑装饰设计具有较强的时尚性，在很多情况下设计思想是时尚文化的折射。流行是我们这个社会的特征，设计师必须紧随时代的脚步与节拍，才能满足业主的心理预期与时尚的需求，得到最终全方位的认可（图2-23）。

④陈设品鉴赏的修养。陈设品是空间环境中的一个重要部分，对陈设品的认识和运用能力，是创造现代文化特征和品位的居住和生活环境的根本，是

图 2-21　Grosvenor Plac 具有文化底蕴的家居设计（左）

图 2-22　贝聿铭的苏州博物馆用现代设计手法展示了苏州园林之美的古典意蕴（右上）

图 2-23　Grosvenor Plac 兼具新中式文化底蕴和现代时尚特色的家居设计（右下）

人对某种文化境界的体味和追求。这就要求设计师具有相当的陈设品鉴赏的知识和水平，最终营造出具有特定设计氛围的空间环境（图 2-24）。

　　⑤关注其他行业动态的素养。设计师要同各行各业的人打交道，要为各个行业的空间进行艺术而科学的规划，因此，我们在做自己专业的同时也要关注其他行业的特点、发展和变化，这种关心有时虽然出于无意，却会给我们带来意想不到的好处。有时设计师能讲一两句客户所在行业的行话，就能迅速地取得客户的好感和信任。

2.3.2　专业知识

　　1. 通用知识

　　1）掌握必备的思想政治理论、科学文化基础知识和中华优秀传统文化知识；

　　2）熟悉与本专业相关的法律法规以及环境保护、安全消防、文明生产、支付与安全等相关知识。

图 2-24　Grosvenor Plac 的陈设设计充满了中西混搭的现代色彩

2．专门知识

1）掌握室内设计制图与识图知识；

2）掌握室内设计相关规范知识；

3）掌握室内设计艺术与技术基础理论知识；

4）掌握室内设计材料、构造、施工知识；

5）掌握室内家具与陈设知识；

6）熟悉建筑物理与设备知识；

7）熟悉室内装饰工程概预算知识；

8）了解室内装饰工程招投标与合同管理知识；

9）了解室内装饰工程管理与施工组织知识；

10）了解BIM等数字技术、绿色建筑、健康住宅、节能减排、集成化设计、互联网技术应用、建筑工业化、装配式建筑等与本专业相关的新技术、新方法及发展趋势。

2.3.3 执业能力

1．美术审美能力

1）具有较强的造型设计、审美与空间想象能力；

2）具有基础的绘画技能和进行各类空间环境速写的技能，见图2-25。

2．工程设计能力

1）具有较强的室内家具设计与选用能力（图2-26）；

2）具有较强的室内陈设搭配能力；

3）具有住宅室内环境、公共建筑室内环境等中小型室内环境设计能力。

图2-25 空间环境草图绘制依赖较强的绘画和空间环境速写技能

图片来源：http：//www.jia.com/zx/shanghai/anli/21480_xiaoguo/

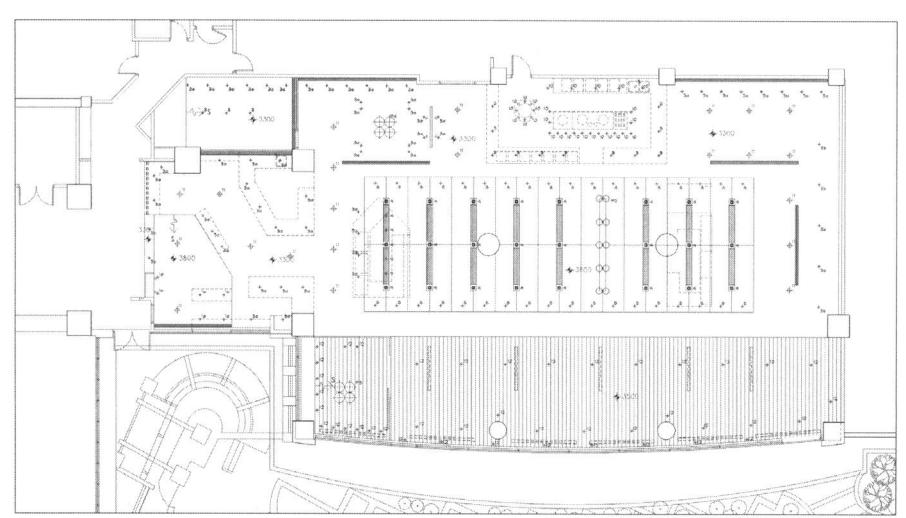

图 2-26　建筑室内设计能力

3. 工程表达能力

1) 具有较强的规范制图能力（图 2-27）；

2) 具有较强的建筑室内电脑效果图表现能力；

3) 具有较强的室内施工图深化设计能力。

4. 工程管理能力

1) 具有一定的室内装饰工程概预算编制能力；

2) 具有一定的室内装饰工程投标文件编制能力；

3) 具有一定的室内装饰工程施工管理能力。

5. 创新能力

具有建筑室内设计、施工技术、新材料新工艺应用等方面的创新意识，具有根据行业发展趋势、把握市场需求进行创业的能力。

图 2-27　梁志天设计的大连咖啡馆平面图

6．综合能力

1）具有探究学习、终身学习、分析问题和解决问题的能力；

2）具有良好的语言、文字表达能力和沟通能力。

★ 实践教学

2.4 岗位认知实践

2.4.1 本地名家讲座

学校邀请本地建筑室内设计知名专家前来学校讲述自己在建筑室内设计行业的成长经历，学生要认真听讲，领悟成长真谛，撰写心得体会。优秀心得体会要在班组交流，或在班级微信 /QQ 群空间等发帖交流。

2.4.2 专题检索实践

制作一份题为《世界建筑室内设计名家名作赏析》彩色画册，具体要求详见 7 建筑室内设计专业入门训练 HYRZ1-2《世界建筑室内设计名家名作赏析》画册编辑任务书。

2.4.3 班级辩论比赛

辩题：当理想遭遇现实，我将如何抉择。

作为家装设计师，经常遇到自己的设计理想和设计理念不被业主认同的尴尬现象。是坚持自己的设计理想而放弃合同，还是放弃自己的设计理想而签下合同？

就这个问题班级各选 4 位辩手，开展正反辩论。邀请一名高年级学生担任裁判。

正方：坚持设计理想放弃设计项目。

反方：放弃设计理想获得设计项目。

★ 教学指南

2.5 教学安排

2.5.1 教学要求

本章教学内容、教学性质与学时、教学单元、教学要点、知识点及教学要求见表 2-2。

2.5.2 教学建议

1．建议学时

理论 4 学时、实践 4 学时。

2. 教学方法

参照"1 建筑室内设计及其专业概述 /1.5.2 教学建议 /2. 教学方法"。

2.5.3　教学资源

参照"1　建筑室内设计及其专业概述 /1.5.3 教学资源"。

教学内容与教学要求

表2-2

教学内容	性质	教学单元	教学要点		知识点	要求
建筑室内设计专业职业岗位	理论教学	2.1 职业岗位	2.1.1	职业岗位	1.职业面向；2.初次就业；3.上升空间；4.职业资格	了解
			2.1.2	职业性质	1.职业性质；2.服务对象；3.职业称谓；4.职业魅力	了解
			2.1.3	职业任务	1.前期沟通；2.方案设计；3.后期服务	掌握
		2.2 职业特点	2.2.1	地位和作用	1.龙头地位；2.关键作业	了解
			2.2.2	现实与理想	1.业主想法；2.经济基础；3.施工技术；4.装饰材料；5.社会因素	了解
			2.2.3	机会与成长	1.机会多；2.收入高；3.成长快	了解
		2.3 职业要求	2.3.1	职业素质	1.《高等职业学校建筑室内设计专业教学标准》的表述；2.解读	掌握
			2.3.2	专业知识	1.通用知识；2.专门知识	掌握
			2.3.3	执业能力	1.美术审美能力；2.工程设计能力；3.工程表达能力；4.工程管理能力；5.创新能力	掌握
	实践教学	2.4 岗位认知实践	2.4.1	本地名家讲座	本地建筑室内设计名家讲座，并撰写心得体会	了解
			2.4.2	专题检索实践	画册编辑：建筑室内设计名家名作调研或作品赏析	应用
			2.4.3	班级辩论比赛	观点辩论：当理想遭遇现实，我将如何抉择	讨论
	教学指南	2.5 教学安排	2.5.1	教学要求	1.教学内容；2.教学性质与学时；3.教学单元、教学要点、知识点；4.教学要求	参考
			2.5.2	教学建议	1.建议学时；2.教学方法	参考
			2.5.3	教学资源	详见5 建筑室内设计专业教学资源	参考

3

建筑室内设计专业课程体系

★ 理论教学

3.1 课程概述

3.1.1 设课依据

1. 行指委教学指导文件

土建学科高等职业教育建筑类行指委对建筑室内设计专业先后颁布了两个指导文件：

1)《高等职业学校建筑室内设计专业教学基本要求》。这是 2010 ～ 2014 年间由土建学科高等职业教育建筑类行指委制定的，以下简称《教学基本要求》。

2)《高等职业学校建筑室内设计专业教学标准》。这是 2016 ～ 2018 年间由土建学科高等职业教育建筑类行指委制定的，以下简称《教学标准》。

上述两个版本都是行业专家制定、住建部和教育部批准的指导高等职业学校建筑室内设计专业如何开展教学的指导性文件。是规范全国建筑室内设计专业的最低要求和设置标准。各个学校在满足建筑室内设计专业的最低要求和设置标准的基础上，可以根据自己学校的区位、条件、特色适当提高标准。

为了避免混淆，以下均按《教学标准》版来论述。需要参考《教学基本要求》时，会加以特别说明。

《教学标准》给学校自主确定课程名称的权利，但明确要求应包含所列专业课的教学内容。这些是本专业需开课程的最低标准。各学校在组织教学内容时还可以适当参考《教学基本要求》中建议设置的课程内容。因为推出《教学标准》并没有说要废止《教学基本要求》。相对而言《教学基本要求》中建议开设的课程更具体，并且是符合建筑室内设计专业行业需求的。

2. 职业面向

详见 2.1.1 职业岗位 1. 职业面向。简言之，主要是在行业的相关单位从事居住建筑、公共建筑（餐饮、酒店、会展、办公等空间）的室内设计以及施工、管理、咨询等相关工作。

3. 培养目标

所有的课程设置均围绕着培养目标。这里列出《教学基本要求》和《教学标准》两个版本的培养目标，做一个比较。

1)《教学基本要求》版。本专业培养拥护党的基本路线，德、智、体、美等全面发展，具有良好职业素养和创新能力，掌握室内空间设计、室内陈设设计、中小型工程项目管理基本理论知识，具有较强的室内设计能力、陈设艺术设计能力，具备中小型室内工程项目施工组织与管理能力、具备室内工程概预算能力的高级技术技能人才。

2)《教学标准》版。本专业培养理想信念坚定、德技并修、全面发展，具有一定的科学文化水平，良好的职业道德、工匠精神和创新精神，具有较强的就业能力、一定的创业能力和支撑终身发展的能力；掌握建筑室内设计专业知识和技术技能，面向建筑装饰行业的室内设计技术领域，能够从事建筑室内创意设计、图纸绘制、效果表现、装饰工程施工与组织和工程项目管理的高素质技术技能人才。

这两个版本都表达了两层意思。第一层意思讲的是作为一个职业院校大学生通用的培养要求，第二层意思讲的是本专业大学生的专业要求。概括来讲，前后两个版本的区别是当今国家更重视对大学生通用培养要求的培养，新标准对此的表述更加全面、具体、明确。在课程和学时方面也有所体现，即在通用要求部分的培养上有更多的课程和课时，而总学时不变的情况下，专业要求的培养要求更浓缩。对专业要求的培养在表述上《教学基本要求》版更为具体，明确列出了室内设计专业毕业生需要掌握"室内空间设计、室内陈设设计、中小型工程项目管理"三方面基本理论知识和"室内设计、陈设艺术设计，具备中小型室内工程项目施工组织与管理，具备室内工程概预算"四项能力。而《教学标准》版将知识与能力这两方面的要求直接概括为"掌握建筑室内设计专业知识和技术技能"一句话，并且提出了明确的毕业要求——能够面向建筑装饰行业的室内设计技术领域，从事建筑室内创意设计、图纸绘制、效果表现、装饰工程施工与组织和工程项目管理的工作。这种原则性的表述，在执行上，各个学校可以有不同的理解和表述。

4. 职业要求（培养规格）

详见 2.3 职业要求：2.3.1 职业素质；2.3.2 专业知识；2.3.3 执业能力。

3.1.2 课程结构

课程结构是按照培养目标来确定的。高等职业院校的课程结构是全国统一的，即通识课 + 专业课。

1. 通识课

通识课也称公共基础课程或文化基础课。高等职业教育任何专业，都要接受规格统一的通识教育，从而体现国家的教育教学标准。通过这些课程确保接受高等职业教育的学生成为一个合格的社会主义接班人。

通识课要根据党和国家有关文件规定，将思想政治理论、中华优秀传统文化、体育、军事理论与军训、大学生职业发展与就业指导、心理健康教育等列入公共基础必修课；并可将党史国史、大学语文、信息技术、经济数学、公共外语、创新创业教育、健康教育、美育课程、职业素养等列为必修课或选修课。

学校应结合实际，开设关于社会责任、安全教育、绿色环保、管理等人文素养、科学素养方面的选修课程、拓展课程或专题讲座（活动），并将有关内容融入专业教学中；将创新创业教育融入专业课程教学和有关实践性教学环节中；自主开设其他特色课程；组织开展德育活动、志愿服务活动和其他实践活动。

2. 专业课

一般包括专业基础课程、专业核心课程、专业拓展课程，并涵盖有关实践性教学环节。

1）专业基础课程。主要教学内容应包括建筑室内设计专业学业指导、室内设计素描与色彩、建筑室内设计概论、建筑室内设计制图等。

2）专业核心课程。主要教学内容应包括建筑室内设计基础、室内电脑效果图设计与制作、室内装饰材料与施工工艺等。

3）知识拓展课。包括摄影与摄像、专业英语、展示设计、模型制作、建筑小环境设计、室内装饰工程概预算、室内装饰工程招投标与合同管理、室内装饰工程项目管理、BIM技术等。

3.1.3 课程性质与要求

1. 课程性质

1）理论课。专业基础课程、专业核心课程、知识拓展课栏目下的课程均为理论课。理论课设置，够用为度，分布于本行业的方方面面，指引大家进入各个方面专业知识的大门。

2）实践课。实践课覆盖了能力训练和工程艺术设计的主要课程，指引大家将理论知识转化为设计能力。课程形式为课程设计、校内外实训、顶岗实习、跟岗实习、社会实践、毕业设计（论文）等。它们既是实践性教学的重要组成部分，也是专业课程教学的重要内容，应注重理论与实践一体化教学。目前提倡的创新创业教育内容要融入专业课程教学和有关实践性教学环节中。

2. 课程要求

1）必修。专业基础课程和专业核心课程以及绝大多数实践实训课均为必修课。

2）选修。专业拓展课程为选修课。选修课中还分为限选与任选。限选实际为必须选择的选修课，任选才是真正意义上的选修课。

3.2 课程逻辑

3.2.1 课程体系

1. 培养重点

高职建筑室内设计专业主要是培养室内设计师，其他如施工、预算、管理等岗位工作非本专业培养主攻方向，课程体系的核心应当紧紧咬住建筑室内设计这个重点。作为培养建筑室内设计师的专业，其课程设置以下8个方面的知识不可缺少。

1）专业入门：建筑室内设计专业学业指导；

2）美术表现：建筑室内素描（透视）、速写、色彩、建筑室内手绘和电脑效果图（3DMAX/Photoshop/Sketchup）；

3）设计基础：室内设计原理（室内设计史）、建筑构成；

4) 制图基础：CAD、工程制图；

5) 工程基础：材料、构造、施工、设备、绿色建筑与数字建筑技术；

6) 专项设计：住宅建筑室内设计（家装设计）、公共建筑室内设计（办公、商业、酒店、会展至少学两个主题的公装设计）、软装搭配（家具、灯具、装饰品、织物、器皿、植物等陈设计）、设计方案或施工图深化设计（供方案设计和工程设计特长的学生选择其中之一）；

7) 工管基础：建筑室内设计工程概预算、建筑室内工程招投标与工程管理；

8) 毕业环节：毕业设计。

以上课程中的大部分均需配套校内外课程实训和实习，至于课程名称及具体安排各校可以自定。各校还可以根据自己的特色增加特色课程。

2. 课程层次

按学习顺序，课程体系有6个层次（图3-1），需一步一个台阶逐级上升，不能跨越。其中开列的课程内容已经难于进一步压缩。

3.2.2 课程逻辑

将建筑室内设计专业6个课程层次按课程构成逻辑进行排列，形成图3-2课程"鱼骨图"。

1. 最终目标

高职建筑室内设计专业在《建筑室内设计专业学业指导》课程及《行业认知实习》的引导下，经过一系列理论、实践、必修、选修课程学会家装和公装两大设计(图3-3)。《教学标准》中直接服务家装设计和公装设计的课程是《住宅室内设计》和《公建室内设计》。《教学标准》中提到的《住宅室内设计与家装设计》、《公建室内设计与公装设计》更加明确了课程的最终目的，这两本教材同时入选住房和城乡建设部"十三五"规划教材。

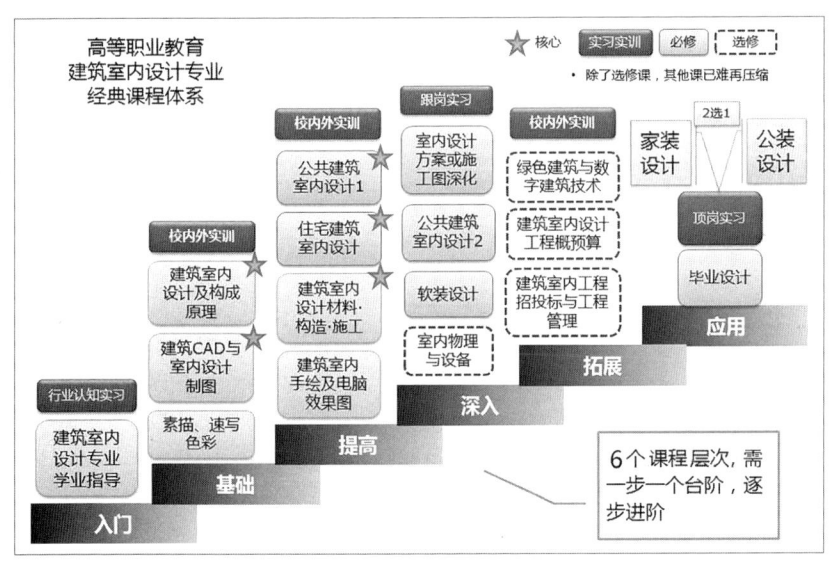

图 3-1 高职建筑室内设计专业6个课程层次

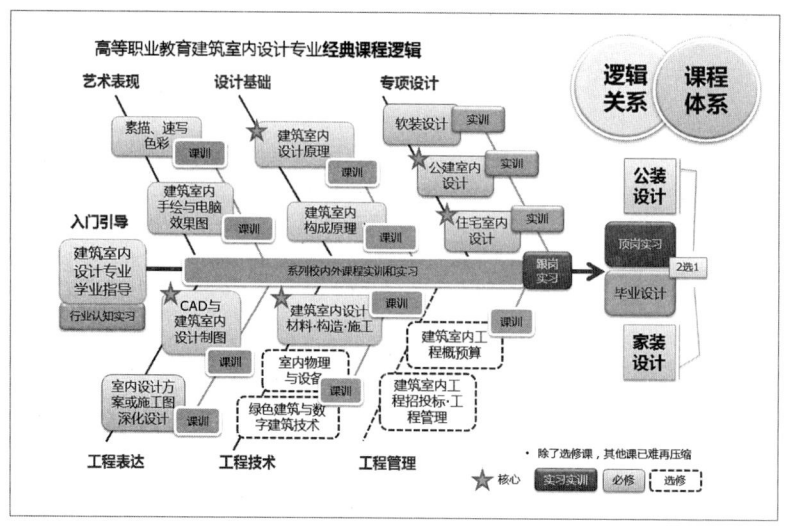

图 3-2 建筑室内设计专业课程构成逻辑

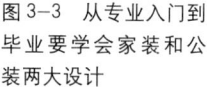

图 3-3 从专业入门到毕业要学会家装和公装两大设计

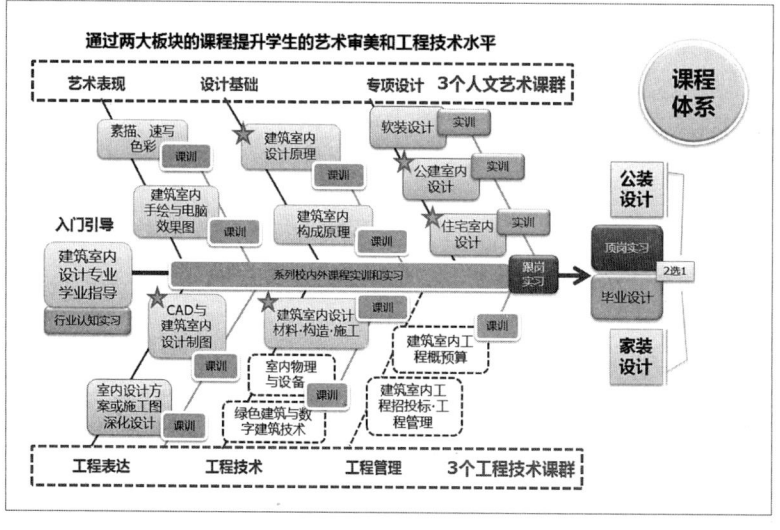

图 3-4 人文艺术课程群和工程技术课程群两个板块构成的课程逻辑

2. 课程板块

由三个人文艺术课程群和三个工程技术课程群两大板块构成（图 3-4）。通过这两大板块 6 个课程层次的教学，使学生掌握艺术审美和工程设计的知识与能力。

人文艺术课程群旨在培养学生的美术造型、设计基础及专项设计知识、能力、素养，这些课程重点提升学生的艺术审美品位。三个工程技术课程群旨在培养学生的工程表达、工程技术、工程管理的知识、能力、素养，这些课程重点提升学生的工程设计水平。所有课程的教学目标均指向"两装设计"，表明学会"两装设计"是本专业学生学习的终极目标。毕业实习或选择去家装公司或公装公司，毕业设计则与之配套，在"两装设计"中选择其中之一。

3.2.3 主要课程

主要介绍6个课程层次的主要内容、主要学习方法、开课目的。

1. 入门课程

主要是《建筑室内设计专业学业指导》，这门课程给大家讲解建筑室内设计专业的概念、职业面向、主要课程、学习方法以及最初的入门训练，并通过一个行业认知实习课程（图3-5），课程以理论教学与行业实习认知双轨推进，引导大家进入建筑室内设计专业领域，了解建筑室内设计专业所服务的行业，从而明确学习目标，掌握学习方法。

2. 基础课程

1)《建筑室内设计素描·速写·色彩》。通过学习素描，学会以建筑室内设计为对象的美术造型、透视、光影、结构表现（图3-6）；通过学习色彩，学会以建筑室内设计为对象的色彩配置和表现（图3-7）；通过学习速写，学会以建筑室内设计为对象的速写简笔手绘（图3-8）。课程通过简要的理论辅导后，需进行大量的实训操练（图3-9），这是建筑室内设计师必不可少的美术基础。

2)《建筑CAD与室内设计制图》。通过学习建筑CAD，学会用CAD软件绘制建筑室内设计工程图的基本操作原理（图3-10），课程需理论与实践相结合，并以大量实训操练。通过学习室内设计制图，学会按国家制图标准绘制规范的工程表达语言（图3-11）。这是建筑室内设计师必不可少的从业基础。

图3-5 学生在世界名作宁波博物馆考察室内设计

图 3-6　以建筑室内设
计为对象的设计素描
图片来源：http://
www.tupian114.com/
photo_3986991.html

图 3-7　以建筑室内设
计为对象色彩表现

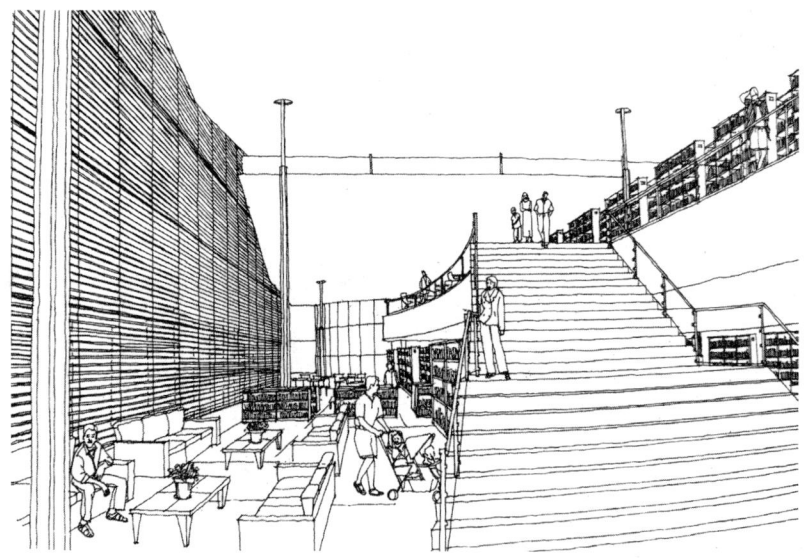

图 3-8　以建筑室内设
计为对象的速写

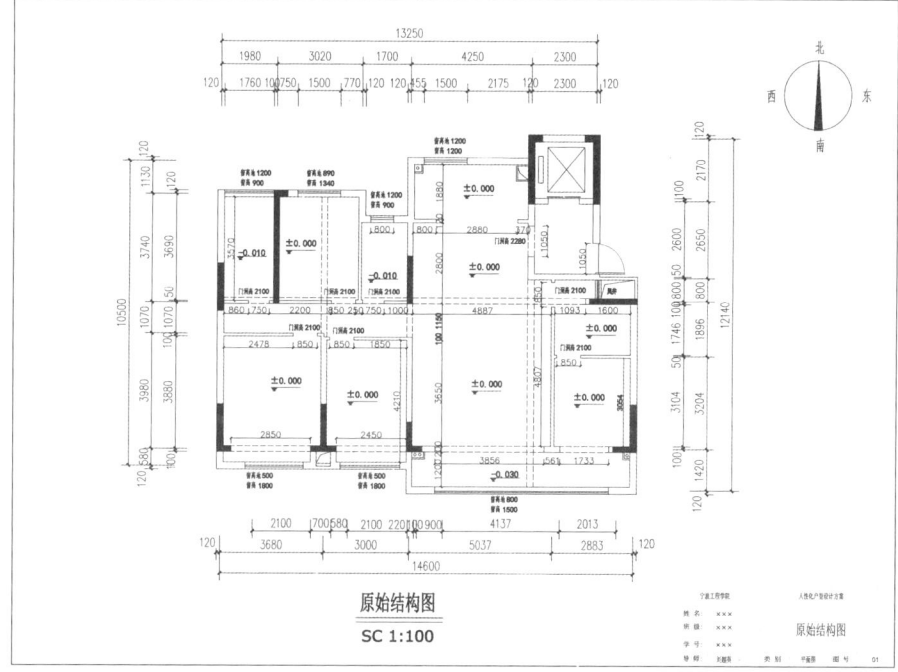

图 3-9　学生在世界文化遗产地安徽宏村写生（左）

图 3-10　AUTODESK AUTOCAD 2019 软件封面（右）
图片来源：AUTODESK公司软件宣传视频截图

图 3-11　用 CAD 软件绘制的住宅室内工程图纸（宁波工程学院　沈嘉欢）

3)《建筑室内设计及构成原理》。本课程整合了室内设计原理、中外建筑史、建筑构造、形态构成等多门课程，是建筑室内专业基础性、原理性的课程。既要学习室内设计概念、设计原理、设计历史（图 3-12）；又要学习建筑构造，对建筑的基本构成、承重体系有个基本的概念（图 3-13）；形态构成则要学习形式美的规律与平面、立体、色彩三大构成（图 3-14 ~ 图 3-16）。通过这门课程使学生掌握必要的建筑室内设计基础理论，课程的室内设计原理、建筑构造部分以理论学习为主，形态构成部分需辅之以课程实训。

3. 提高课程

1)《建筑室内手绘及电脑效果图》。学习建筑室内设计效果表达的两种主要的手法（图 3-17、图 3-18）。

2)《建筑室内设计材料·构造·施工》。本课程是室内设计专业的核心基础课程。是一门内容庞杂、涉及广泛的课程，也是经过高度整合的课程。它将

图 3-12 呈现罗马式教堂建筑室内历史风貌的比萨大教堂（PisaCathedral）

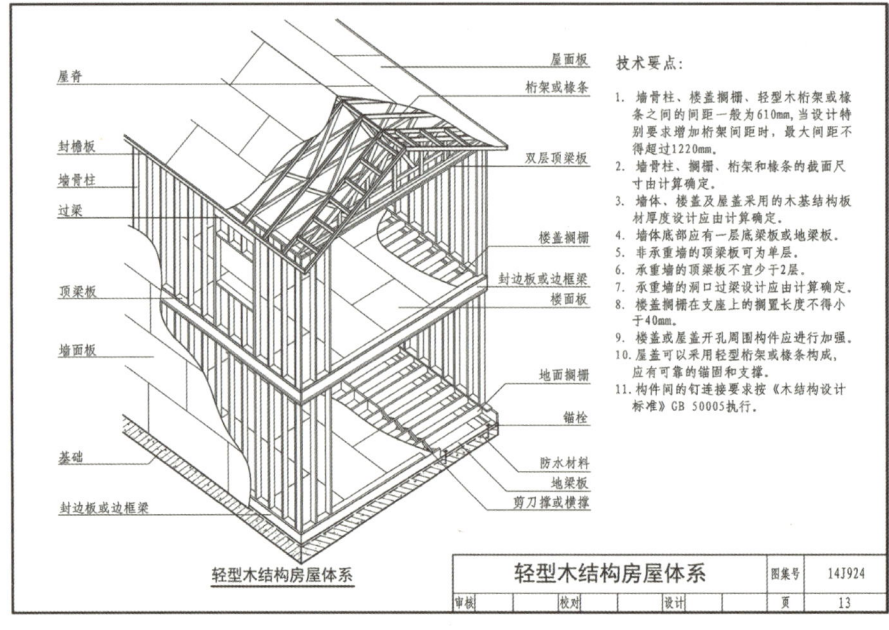

技术要点：

1. 墙骨柱、楼盖搁栅、轻型木桁架或椽条之间的间距一般为610mm，当设计特别要求增加桁架间距时，最大间距不得超过1220mm。
2. 墙骨柱、搁栅，桁架和椽条的截面尺寸由计算确定。
3. 墙体、楼盖及屋盖采用的木基结构板材厚度设计应由计算确定。
4. 墙体底部应有一层底梁板或地梁板。
5. 非承重墙的顶梁板可为单层。
6. 承重墙的顶梁板不宜少于2层。
7. 承重墙的洞口过梁设计应由计算确定。
8. 楼盖搁栅在支座上的搁置长度不得小于40mm。
9. 楼盖或屋盖开孔围构件应进行加强。
10. 屋盖可以采用轻型桁架或椽条构成，应有可靠的锚固和支撑。
11. 构件间的钉连接要求应按《木结构设计标准》GB 50005执行。

图中标注：屋脊、桁架或椽条、封槽板、墙骨柱、过梁、顶梁板、墙面板、基础、封边板或边框梁、双层顶梁板、楼盖搁栅、封边板或边框梁、楼面板、地面搁栅、锚栓、防水材料、地梁板、剪刀撑或横撑

轻型木结构房屋体系

轻型木结构房屋体系		图集号	14J924
审核	校对	设计	页	13

图 3-13 轻型木结构房屋建筑体系

图 3-14 平面构成（左）
图片来源：https://
www.51wendang.com/doc/
ff4e55905243d18061
add723/4

图 3-15 立体构成（中）
图片来源：http://
www.zcool.com.cn/work/
ZMTc0NjYyNTY%3D.html

图 3-16 色彩三大构成（右）
图片来源：http://
bijie.zxdyw.com/HTML/
2017/12/2017122715052
61263266.html

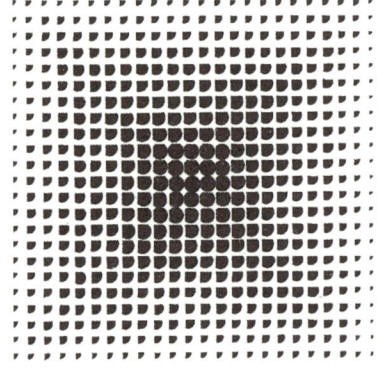

图 3-17 建筑室内手绘效果图

图 3-18 建筑室内电脑效果图的主要软件 3ds Max

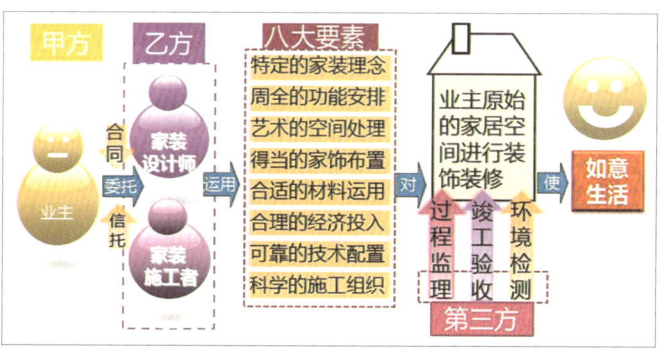

图 3-19 家装的定义

原本建筑室内设计（建筑装饰）材料、构造、施工三门独立的课程内容有机整合在一起，可以大大减少原来三门课程独立设置时必然出现的课程重复，从而大大提高教学效率。同时使学生学会将材料、构造、施工三者紧密关联，整体思考，统一处理。

3)《住宅室内设计》或《住宅室内设计与家装设计》。本课程服务于建筑装饰行业中家装设计工作岗位。是本专业最重要的核心课程，也是本专业学生必须学好的课程。本课程的学习必须结合行业岗位需求，将最终服务的家装设计作为住宅室内设计的教学核心，作为高等职业型高校还是将课程名称确定为《住宅室内设计与家装设计》比较适宜。本课程的教学一定要跳脱过去学科式"就住宅室内设计论住宅室内设计"的老套，必须将家装的定义讲清楚（图 3-19），将家装业主及其原始房屋和家装市场操作规则三项前提要素以及家装设计的八大要素作为住宅室内设计的前提和考核的依据。这样的课程才能与市场及行业预期相符合。

4)《公共建筑室内设计1》。本课程服务于建筑装饰行业中公装设计工作岗位，也是本专业最重要的核心课程和学生必须学好的课程。本课程的学习同样必须结合行业岗位需求，将最终服务的公装设计作为公共建筑室内设计的教学核心。因为从课程第1章1.1.3领域所述的公装领域中我们可以得知公共建筑设计的面相当广，但作为只有三年学制的高职教育，只能从易到难，学习一些入门知识。多数学校都会将本课程分成2～4个阶段循序渐进进行教学。所以就有了《公共建筑室内设计1》和《公共建筑室内设计2》。在高职阶段至少学习两类项目的设计，一般《公共建筑室内设计1》安排相对简单的项目入门，如小型办公空间设计（图3-20）、小型商业空间如专卖店的设计等。具体教学内容各个学校根据师资条件或其他条件决定。

图3-20 办公环境设计——千岛湖生态管理办公楼中厅效果图（浙江建设职业技术学院）

4. 深入课程

1)《建筑物理与设备》（图3-21）。

图3-21 建筑物理实验室中不同室温灯光下色彩呈现的实验装置

2)《软装设计》。软装是近十年来社会上出现的一种说法，它相对的词是硬装。简单得说，硬装即指室内设计中涉及建筑装修的部分，主要是设计空间分割、功能配置、隐蔽工程、界面处理、设备安装等工程。通俗地说是进行房间分割、水电安防等隐蔽工程、门窗安装、地面天花窗台处理、厨卫及固定家具的制作、空调安防设备安装等设计和施工。软装则是室内设计中涉及建筑装饰的部分，其实质内容是进行家具、灯具、装饰品、织物、器皿、植物等陈设设计（图3-22）。在硬装部分完成后如何在此基础上妥善处理。与原《室内陈设设计》课程的内容相同。

图3-22　软装设计

3)《公共建筑室内设计2》。是在《公共建筑室内设计1》的基础上进行深入。课程一般会选择中小型的酒店、民宿、餐饮、会展等项目进行设计，旨在进一步理解公共建筑室内设计原理和方法。有条件的学校还可以开设《公共建筑室内设计3》或《公共建筑室内设计4》。相对家装而言，公共建筑室内设计不仅要考虑设计本身的事情，还要将公共建筑的运行模式、盈利模式、商业文化、竞争因素、消费者爱好、流行文化等复杂的设计因素考虑进去。这是公共建筑室内设计外的事项，涉及的知识相当广泛，学习中要充分关注到这些因素，慢慢理解积累（图3-23）。

4)《室内方案设计或施工图深化设计》。对于不同特长的学生选择不同方向进行深入学习是值得推荐的教学方案（图3-24、图3-25）。术业有专攻，对于建筑室内设计专业的学生而言，设计主要有方案设计和施工图设计两个方向的选择。对于有方案策划设计特长的学生可以进一步深入学习《室内方案设计深化设计》，对方案的设计理念、客户定位、设计风格、设计落地、设计包装、设计解说等知识和能力进行更为深入的探讨。

相反，对于擅长构造设计、施工工艺、材料选择的同学则可以深入学习

项目名称：一 纸 江南

随着时光流转，年华偷换之间依然保留的——江南美景，绮旎山水。餐厅以简而不繁的手法去解读现代人文的后现代情节，居于纷繁熙攘的大都市之中，奢侈的从不是价值不菲的红橙家具，而是淡定宁静的心境。落地窗外看不尽的是绵沿的山、广袤的海，和点点带有余温的斜阳。

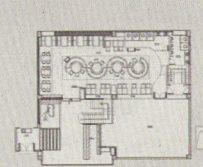
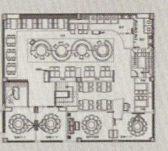

作品编号：SS-33

图 3-23　酒店设计（南宁职业技术学院　陆梦笛　李淑雯）

图 3-24 室内设计方案深化设计——客厅软装概念图

图片来源：CCD公司海口耶香村陈设概念方案

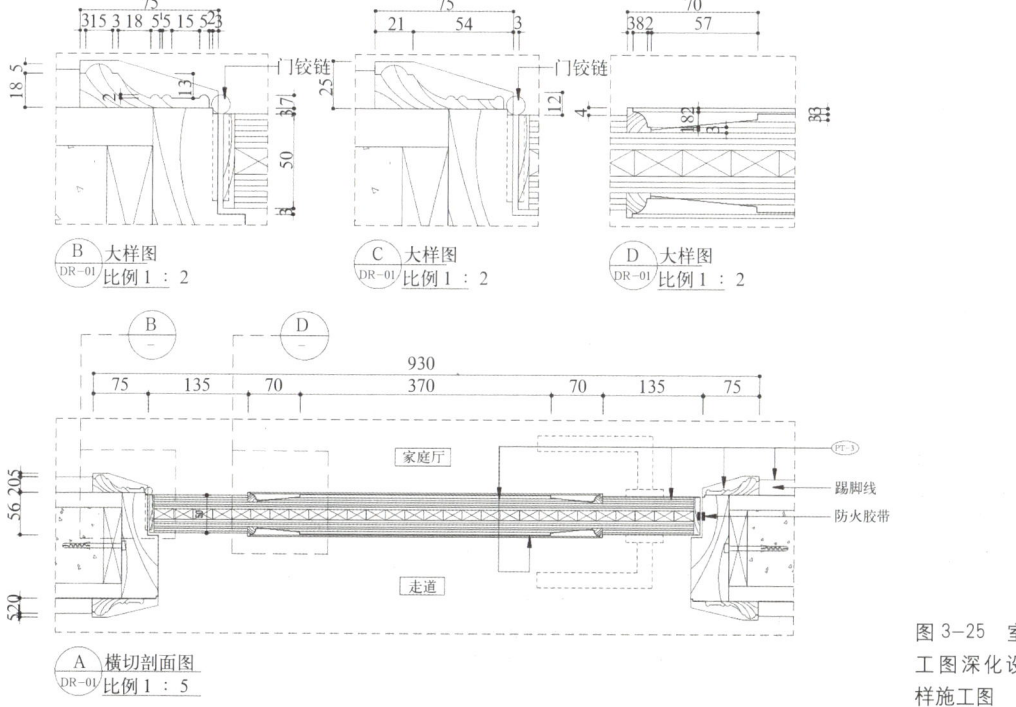

图 3-25 室内设计施工图深化设计——大样施工图

《室内施工图深化设计》，进一步理解设计规范和工程规范，正确理解方案设计，并将其转化为可以实施的施工图。这两者都会受到行业和企业的欢迎。

5. 拓展课程

1)《室内装饰工程概预算》；

2)《室内装饰工程招投标与工程管理》；

3)《绿色建筑与数字建筑技术》。

前两门课程均为建筑室内设计师实施工程设计必须了解的工程实施方面的相关知识。《绿色建筑与数字建筑技术》则是反映最新设计理念和最新设计科技的内容。

6. 应用课程

毕业设计是要将大学所养成的素质、学到的知识、掌握的能力做一次总结性的呈现。所有学校的学生在毕业设计中均会有两个方向的选择：一是家装方向，二是公装方向。在选定了方向之后，会有6～10周时间去定向的室内设计公司或其他装饰企业做相关的毕业实习，许多学校要求做顶岗实习。一般毕业设计会有企业和学校两个指导教师进行指导。

1)《毕业设计——家装设计》。要求根据设定的业主，提供一套与市场公司接轨的全套设计方案，包括效果图（图3-26）、施工图（图3-27）、设计说明，并且装订成册（图3-28）。要求高的学校还要求提供一套选题论证文件，其中包括开题报告、文献综述和设计说明。

2)《毕业设计——公装设计》。选择公装方向的同学一般可以在办公、酒店、餐饮、会展、商业等方面选择其中之一进行毕业设计创作，设计规模一般限定在中小型方案，大约1000～3000平方米。

毕业设计除了全套设计文件外，许多学校还要求设计一块展板。一是在

图3-26　家装设计效果图

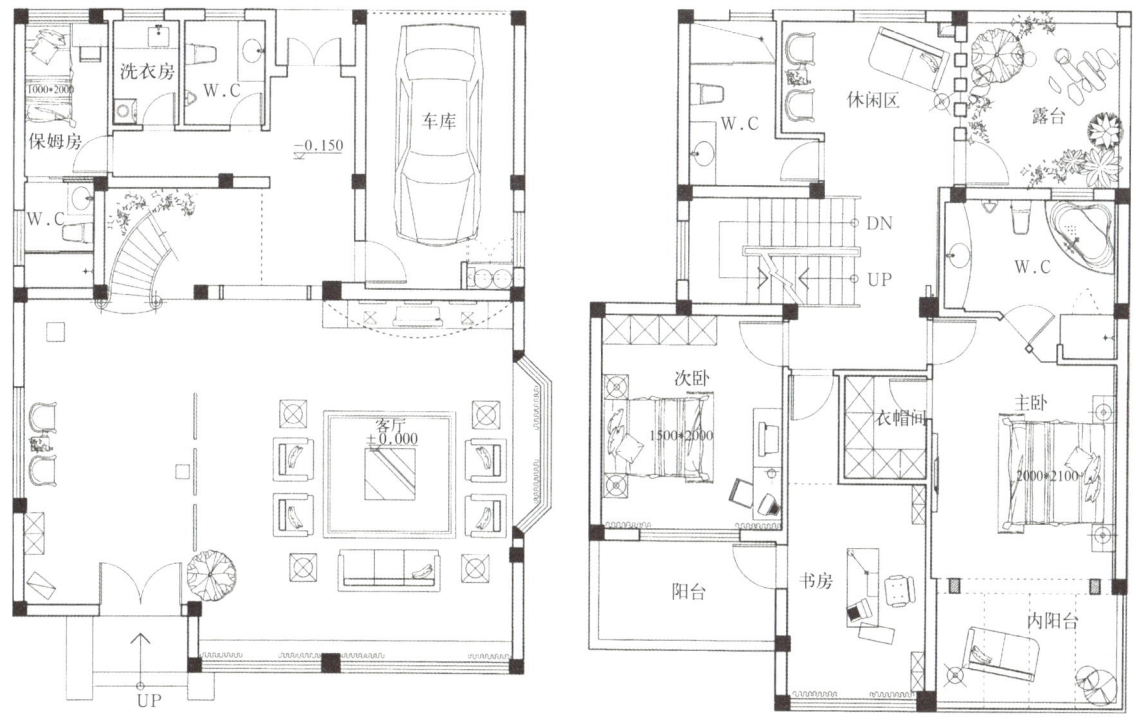

图 3-27　家装设计施工图

图 3-28　毕业设计图册封面（宁波工程学院　胡杰）

学校的毕业设计作品展览中展出，二是将特别优秀的作品推荐到全国高职高专建筑类毕业设计作品大赛参赛。图 3-29 是四川职业技术学院室内设计专业学生的获奖作品。

　　前面学习的所有课程均要在这两门课课程中加以应用。前面大多数课程均为这两门课程的前置课程，有些课程也可能安排在这两门课程后面，但它们将在最终的毕业设计的"两装设计"中加以应用。

作品编号: SS-04

图3-29 毕业设计获奖作品(四川建筑职业技术学院 蒋吉 卢琴)

3.3 课程说明

3.3.1 设课原则

在 3.2 课程逻辑中所介绍的 6 个层次 15 门课程均是作为室内设计师必须掌握的专业知识和专业技能。《建筑室内设计专业教学标准》并没有确定课程名称，只是建议了必须学习的课程内容。各学校可以根据自己学校的地域条件、师资力量、专业课时数，自行确定开设的课程及名称。

1. 形成特色

我国幅员辽阔，东西南北各个部分情况千差万别，学校的实力和特色也各不相同。本地的行业和企业也可能有特殊的人才培养要求。所以对所有学校而言，并非一定要全面实施 6 个层次 15 门课程，可以根据自己学校的办学定位和办学条件，实施自己的课程整合方案，办出自己的特色。

2. 提高效率

总体而言，各个学校的专业课时越来越少，这是专业教师必须面对的现实。所以，要在有限的时间内，通过适当整合课程提高教学效率。而课程内容的整合都有利有弊，整合的目的是要提高教学质量和效益，减少不必要的重复内容。目前多数学校课程教学内容大量重复，课程设置不够科学、合理，在提高效率方面还有大量工作要做。

3.3.2 开课说明

建筑室内设计专业主要课程及开课说明见表 3-1。

★ 实践教学

3.4 课程认知实践

3.4.1 实践项目

1. 本校本专业人才培养方案讲座

由本校建筑室内设计系主任（专业主任）结合本校实际，讲解本校建筑室内设计专业的人才培养方案、课程体系、培养模式等方面的教学设计。使学生能清晰了解自己所学专业的职业面向、培养目标、课程体系、培养模式等本校的教学特色。主动按照人才培养方案，规范自己的学习行为。

2. 本校本专业各类课程学习要求讲座

由本校建筑室内设计系主任（专业主任）结合本校实际，讲解本校建筑室内设计专业理论课、实践课，必修课、选修课，以及对核心课程进行概要讲解，特别要向学生明确讲解毕业标准要求，如毕业最低学分要求、校选课学分要求、素质分要求等，使学生能明确应该怎样学习才能顺利毕业。

序	阶段	主要课程名称	开课说明
1	入门	建筑室内设计专业学业指导	可以作为一门课进行教学，也可以作为新生集中的专业介绍进行教学
2	基础	建筑室内设计素描·速写·色彩	也可分为《素描》、《速写》、《色彩》三门课进行教学
3		建筑CAD与室内设计制图★	也可分为《建筑CAD》、《室内设计制图》两门课进行教学
4		建筑室内设计及构成原理	也可分为《建筑室内设计原理》、《建筑室内构成原理》两门课进行教学
5	提高	建筑室内手绘及电脑效果图	也可分为《建筑室内手绘效果图》、《建筑室内电脑效果图》两门课进行教学
6		建筑室内设计材料、构造、施工★	也可分三门课进行教学，或将课程整合为《材料与构造》或《构造与施工》，但将《材料与施工》整合不符合培养设计师的目标，如培养施工人员则可如此设课
7		住宅室内设计★	也可将课程名称确定为《住宅室内设计与家装设计》或《家装设计》
8		公共建筑室内设计★	也可将课程名称确定为《公共建筑室内设计与家装设计》或《公装设计》
9	深入	建筑物理与设备	也可分为《建筑物理》、《建筑设备》两门课进行教学
10		软装设计★	也可将课程名称确定为《室内陈设设计》
11		室内设计方案或施工图深化设计	可将课程分为《室内方案深化设计》或《室内施工图深化设计》两门课程
12	拓展	室内装饰工程概预算	也可将课程名称定为《室内装饰工程量计价》
13		室内装饰工程招投标与工程管理	也可分为《室内装饰工程招投标》、《室内工程管理》两门课进行教学
14		绿色建筑与数字建筑技术	也可分为《绿色建筑》、《数字建筑技术》两门课进行教学，还可加入《建筑室内设计BIM技术》、《建筑工业化与室内设计》等符合时代潮流的课程
15	应用	毕业设计	可按家装和公装两个方向进行教学

注：★核心课程。

3.4.2 实践作业

书面作业。

内容：在课程讲解和本校系主任（专业主任）讲座的基础上，写一篇学习心得，谈谈对本校本专业人才培养方案的学习体会，自己将怎样按本校的人才培养方案的要求达成毕业目标。

要求：在课程网站作业栏目指定位置直接输入，并在课程作业截止时间上传。

★ 教学指南

3.5 教学安排

3.5.1 教学内容与教学目标

本章教学内容、教学性质、教学单元、教学要点、知识点及教学要求见表3-2。

教学内容	性质	教学单元	教学要点	知识点	要求
建筑室内设计专业课程体系	理论教学	3.1 课程概述	3.1.1 设课依据	1.行指委教学指导文件；2.职业面向；3.培养目标；4.职业要求	了解
			3.1.2 课程结构	1.通识课；2.专业课	了解
			3.1.3 课程性质要求	1.课程性质；2.课程要求	了解
		3.2 课程逻辑	3.2.1 课程体系	1.培养重点；2.课程层次	了解
			3.2.2 课程逻辑	1.最终目标；2.课程板块	了解
			3.2.3 主要课程	1.入门课程；2.基础课程；3.提高课程；4.深入课程；5.拓展课程；6.应用课程	了解
		3.3 课程说明	3.3.1 设课原则	1.形成特色；2.提高效率	了解
			3.3.2 开课说明	1.主要课程名称；2.开课说明	了解
	实践教学	3.4 课程认知实践	3.4.1 实践项目	1.本校本专业人才培养方案讲座；2.本校本专业各类课程学习要求讲座	了解
			3.4.2 实践作业	书面作业：我将怎样按我校的培养方案达成毕业目标	应用
	教学指南	3.5 教学安排	3.5.1 教学内容与教学目标	1.教学内容；2.教学性质；3.教学单元、教学要点、知识点；4.要求	参考
			3.5.2 教学建议	1.建议学时；2.教学方法	参考
			3.5.3 教学资源	详见5　建筑室内设计专业教学资源	参考

3.5.2　教学建议

　　1.建议学时：理论2学时、实践2学时。

　　2.教学方法。参照"1　建筑室内设计及其专业概述/1.5.2教学建议/

2.教学方法"。

3.5.3　教学资源

　　参照"1　建筑室内设计及其专业概述/1.5.3教学资源"。

4

建筑室内设计专业学习指导

★ 理论教学

4.1 学习目标

作为一名高职建筑室内设计专业的学生，树立正确的学习目标是学好专业的基础。

4.1.1 学习目标

1. 毕业目标

我们高职建筑室内设计专业的学生毕业后主要有以下4个去向。

①就业。面向是建筑装饰装修行业建筑室内设计及施工、咨询、管理等企事业单位。主要从事居住建筑、公共建筑（餐饮、酒店、会展、办公等空间）的室内设计工作，也可从事与之相关的施工、咨询、管理等工作。这是最主要的毕业去向，占比90%以上。

②升学。面向本专业或相关专业继续深造，如专升本。

③出国。国外也接受专科学历的学生继续深造，甚至有的学校还接受专科学历层次的学生读研。

④创业。在校找到创业的渠道，在校就直接创业，或毕业后直接创业。

不同的毕业目标，在学校有不同的学习重点和方法，这就是学业规划，见表4-1。

毕业目标与在校的学习重点 表4-1

序号	毕业目标	重点学习内容
1	就业	掌握本专业的知识和技能
2	升学	掌握好升学考试所需要专业知识和技能
3	出国	除了学好专业，还应学好外语，训练独立生活能力
4	创业	掌握所要创业的相关知识和技能

2. 目标确立

对毕业目标最好要早一点确定。因为可以尽早安排自己的学业。不要等到毕业了才决定，这样的话就没有准备时间了。但不管你的毕业目标是什么，学好本专业是共同要求。

前已有述，建筑室内设计是一门交叉性学科，它集建筑学、建筑美学、设计艺术学、文化学、人体工程学、环境心理学、公共关系学、市场学、建筑物理、施工技术等多学科知识为一体，以解决建筑室内设计领域的诸多专业问题（图4-1）。

明确学习目标是我们树立正确学习目标的前提条件。我们要按照学校制定的培养方案和人才培养模式来确定我们的学习目标。

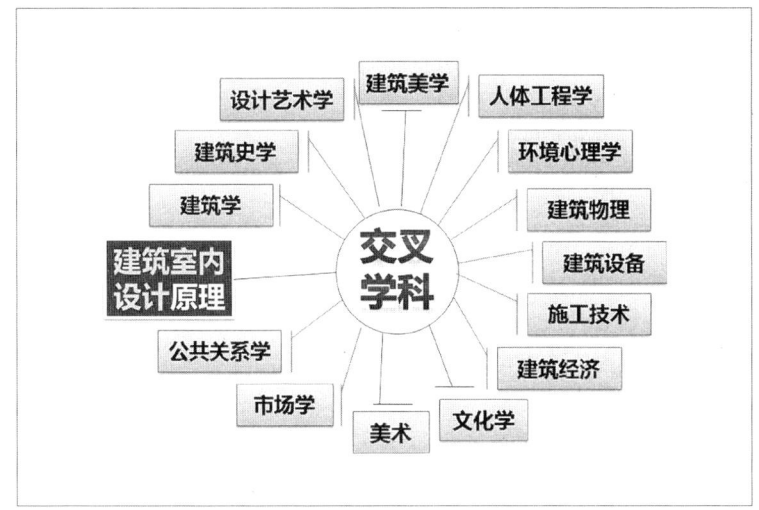

图 4-1　建筑室内设计是一门交叉性的学科

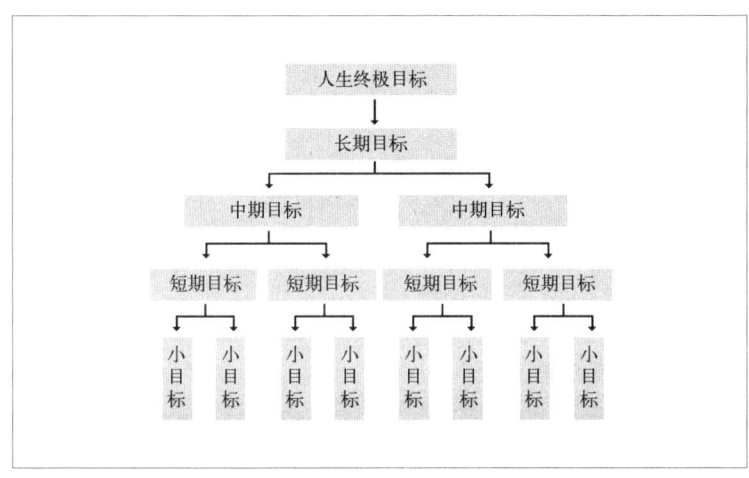

图 4-2　目标金字塔

　　要成为一个著名建筑室内设计师是很多报考本专业的学生的美好梦想。但是光有梦想是不够的，关键是我们是否拥有达成梦想的决心和方法。

　　这里给大家推荐两个方法。

　　1）目标分解法。我们的梦想就是我们的目标。过于宏大的目标实现起来遥遥无期，会动摇我们的信心。所以我们要把目标分解、分层，例如要成为著名室内设计师，首先要成为优秀室内设计师，前提是先成为称职的室内设计师。我们现在还是学生，要成为称职的室内设计师，首先必须毕业，拿到室内设计专业的毕业证书。而要毕业，首先就要学满学校规定的学分。而学分是一门课、一门课积累的。学校总共要求我们获得150学分，而有的课程只有1个学分，有的课程有6个学分。所以，我们只有把学校开设的每一门课的学分都拿到了，我们才能毕业。这就是"目标分解法"。就像金字塔中，我们有一个顶层的目标，但是这个顶层的目标离我们太远，于是我们将它逐步分解成若干个小目标。经过这样的分解，目标就离我们近了（图4-2）。

2）逐步达成法。对于经过分解的目标，我们要逐个咬定，一个一个实现。例如我们先要把每个学期的课程要求了解清楚，什么课是必修课，什么课是选修课，什么课是校选课。然后我们确定最低目标是要通过每一门课的考核，中等目标是要取得好成绩。比较高的目标是获得奖学金，成为优秀生。确立了这样的目标，我们就会把这些目标落实到每天的任务中来。一门一门课、一个一个知识点、一项一项作业和实训……我们只要认真听课，完成每门课程的要求，考试过关，一步步、脚踏实地地实现每一个小目标。

例如我们低年级所学的《建筑室内设计工程制图》这门课程，我们要明确，这门课是至关重要的，因为它是我们室内设计师的工程语言。如果这门课学不好，相当于我们在工程领域说的话别人听不懂。所以我们要了解每一个制图原理，熟悉国家制图标准，完全掌握制图的要领。

对每一门课都要这样，要学好这门课程，首先我们得明确这门课程的学习目标，也就是这门课程在建筑室内设计专业中的作用，我们得学成什么样才算合格与优秀。

3. 学习目标的实现

曾国藩有一个"三忌"的理念特别值得我们借鉴，那就是，"天道忌巧，天道忌盈，天道忌贰"。

"天道忌巧"就是厌恶投机取巧行为的，所谓"偷鸡不成蚀把米"。天道亦是自然大道，大道至简。春种秋收，想要好的收成就得勤奋耕耘，一分辛苦一分收获。人一定要走正道，投机取巧的路是不会长的。

"天道忌盈"。月盈则亏，盈不可久。最好的状态就是"花未全开月未圆"。人生就要不断成长，追求完美同时不要求达到完美。

"天道忌贰"，贰就是有二心，用心不专。孔夫子说"君子不二过"。其实人生就是有了一定的目标，一心一意坚持走下去。

反映到我们建筑室内设计专业的学习中来，我们前面确定的学习目标要得以实现就得脚踏实地去完成目标。在目标的完成中，我们要忌投机取巧，忌骄傲自满，要始终坚持自己既定的目标，脚踏实地，持之以恒，一步步地朝着自己的方向努力。

4.1.2 高职学习

1. 人才类型

现代社会的人才可分为学术型、工程型、技能型和操作型四类。我们这个社会需求的人才是十分丰富多样的。既要基础理论知识扎实、创造能力强的学术性、工程型人才，也需要基础理论知识适度、技术应用能力较强的应用型、操作型人才。这是四种不同类型的人才，需要不同类型的教育进行培养。

按照联合国教科文组织 1997 年颁布的世界教育分类标准，与普通高等教育培养学术型、工程型人才相对应，高等职业教育培养技能型人才，中职教育培养操作型人才。我们国家的教育已逐步从分层培养转向分类培养，党和国家大力发展高等职业教育，这些年来，高等职业教育的规模已经超过普通高等教育。这是我国在经济全球化发展形势下实现经济快速可持续发展的必然选择，也是推进高等教育大众化的有效渠道。近年来在我国落实终身教育理念、创建学习型社会和改善公民就业条件中，高等职业教育发挥主导作用，体现了以人为本的理念，有助于和谐社会的实现。

2. 高职教育

高等职业教育主要培养应用型、技能型人才。这类人才是指能将专业知识和技能应用于所从事的专业社会实践的一种专门的人才类型，是熟练掌握社会生产或社会活动一线的基础知识和基本技能，主要从事一线生产的技术或专业人才，这类人才是经济建设的主力军，是国家所急迫需求的高技能高素质人才。

虽然，在客观上高职学生高考分数大多不高，但这不是高职学生没有创造潜力、没有社会价值的标签。高职学生有被社会肯定的优势。首先，在个性上，高职学生有人生的乐观态度、积极努力、追求上进、乐于助人、参与公益，这是受社会高度欢迎的人生态度；在就业观念上，高职学生理性实际，不挑三拣四。这使得他们的就业空间更为广阔，就业层次更为丰富；在工作态度上，高职学生踏实肯干，动手能力强。这些优点使社会和众多企业更青睐高职毕业生。因此，学有所成的高职毕业生不仅在就业具有一定的比较优势，而且在就业后，大都均取得了很好的发展，很多成为各行各业的行业精英。

3. 培养模式

高职教育人才培养模式的特点是以适应行业需求为目标、以培养技能应用能力为主线。这些年来也探索出了很多适应不同学校的人才培养模式。在建筑室内设计师培养领域，比较流行的人才培养模式有：项目导向、任务驱动、工学结合、工作室制、艺科交融的 CDIO、PBL、合作教学等，所有这些人才培养模式无一例外强调在设计中学习设计，在工程实践中学习设计，在产学融合的环境下学习设计。

4. 终身学习

除了学习设计之外，在知识、技术不断更新的今天，我们自己应具备探究性的学习能力，仅靠学校里学到的知识，不可能应付工作中的所有问题。而且，客观上大学教育也确实存在一定的滞后性。很有可能是毕业出去后，学校教的知识已被更新，你若固守学校教的东西，那肯定是会被社会淘汰的。所以要求学生有终生学习的理念和探究性自我学习的能力。这是因为社会的进步、行业的发展，必然导致学生毕业走上工作岗位后去重新更新学习专业上新的知识，只有在工作中会探究、会自我学习的人才不会被社会淘汰。

例如，学校在工程设计表达这个知识领域会教 CAD/3DMAX/PS 等经典软件的操作知识，这些都是原理性的。到了社会上，你可能发现，行业内的设计师并没有直接用这些软件，而是用在这些基础上开发的应用软件（图 4-3），这些软件中的某一款可能应用起来更加得心应手。但大学里不一定会教这些软件。这就需要你自己去学习探究。

其中一款"酷家乐"软件（图4-4）使用的人比较多，因为这款软件不仅有 PC 版，而且还有安卓版和 ISO 版，可以在互联网和移动网上同时运行。它有很多比较容易操作的功能，例如可以导入各个城市的户型，可以比较快捷地导入CAD 设计图，可以在线渲染，且能做 3D 漫游、VR 模拟等，它还推出云设计概念，上面储存有大量的设计素材。上面还有"酷家乐大学"的模块，有直播课堂等，是比较容易上手的应用软件。

建筑室内设计这个学科专业，有着快速变化的流行属性。设计理念、设计风格、设计手段、设计软件等时时刻刻在变化着，所以，拥有探究性的自我学习能力是每个同学必须拥有的。

4.2 学习要求

4.2.1 艺科交融

1. 艺科交融

建筑室内设计是集人文艺术与工程技术于一体的学科（图4-5），任何一个设计项目既要进行艺术设计，如设计理念的创新、设计风格的选择、设计文化的渗透，形象、色彩、空间、肌理、视觉效果的呈现等；又要进行技术设计，如功能布局、给水排水、强电弱电、安防监控、设备选型等。

所以，建筑室内设计师既要有艺术家充沛的激情和想象，又要有工程师严谨的理性和逻辑（图4-6）。对任何一个设计项目，首先要运用

图 4-3　室内（装饰装修）设计软件

图片来源：软件之家截屏图

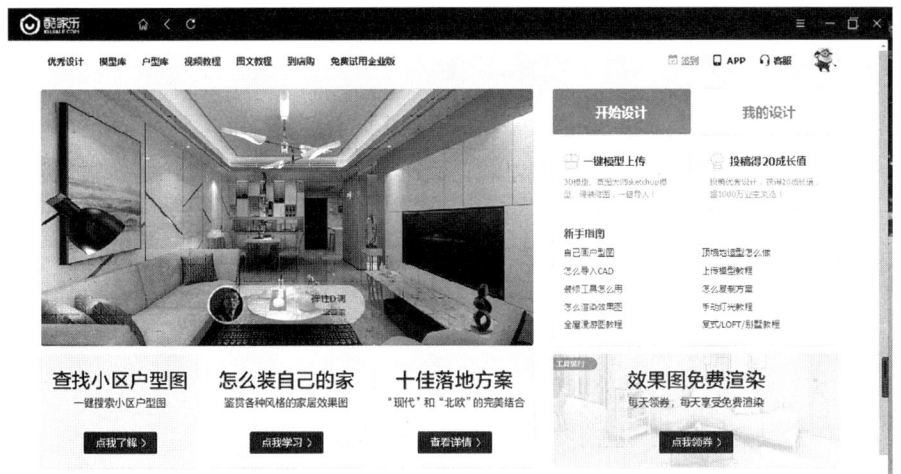

图 4-4 酷家乐室内设计软件

艺术家的激情和想象，尽可能进行扩散性思维，沿着多个不同的设计方向进行构想和扩展，然后要运用工程师严谨的理性和逻辑，进行理性分析，权衡利弊与可行性，最终从多个不同创意中选择最合适的设计方案。

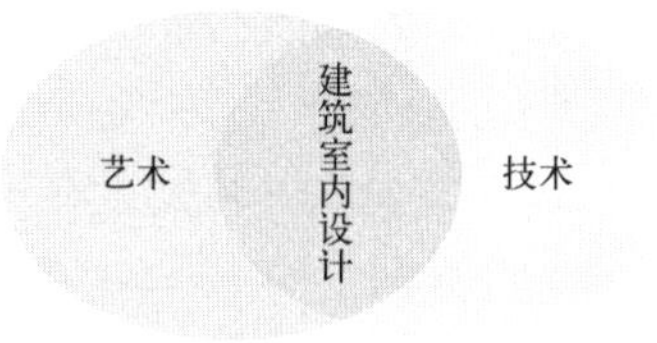

图 4-5　建筑室内设计专业特点

2. 双脑并用

人有左右两个大脑，人的左脑主要从事逻辑思维，是一种线性的思维方式，如一加一等于二，这就是一种线性的思维方式。右脑主要从事形象思维，是一种扩散性的思维方式，右脑是创造力的源泉，是艺术和经验学习的中枢，右脑发达的人对于一加一这个答案的理解可能就是等于一、等于十等扩散式的理解。在学习阶段要注意同时开发双脑（图4-7），使自己既具备艺术家的人文修养和审美情操，又具备工程师的科技素养和严谨态度。

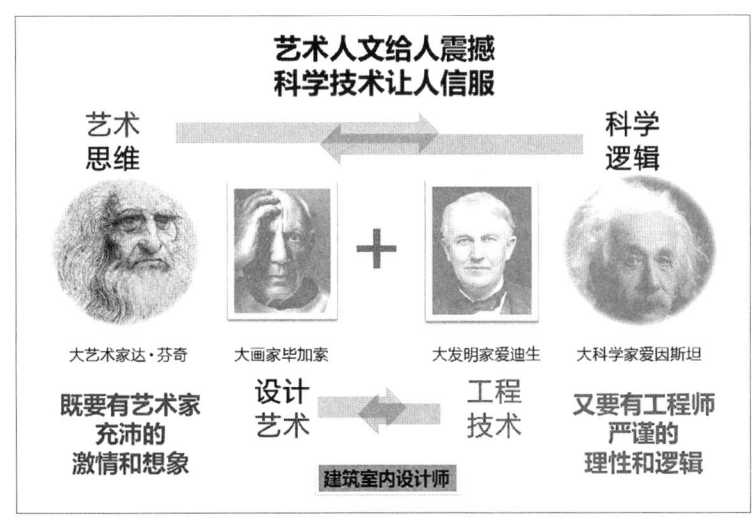

图 4-6　建筑室内设计师的要求

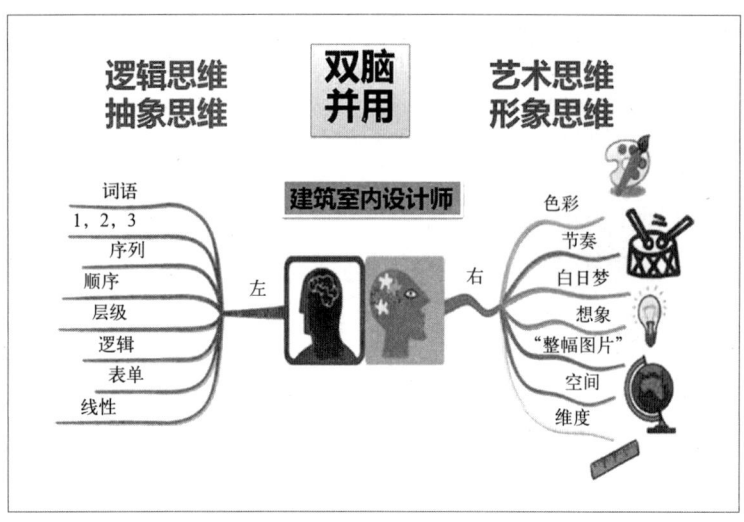

图 4-7　双脑具有不同的思维特征

4.2.2　创新创意

1. 创新创意

建筑室内设计师的主要工作是对建筑室内设计作品创新和创意。严格地说，创新是创设前所未有的新事物和新方法。创意是创设前所未有的新意念和新意境。我们无需纠结这两者字义上的区别，因为新事物和新方法与新意念和新意境往往是融合在一起的。简单得说，设计上的创新创意就是创作前所未有的设计作品。建筑室内设计任何一个项目都有双创的设计要求。

2. 设计道德

从设计道德的角度，业主付给设计师设计费，并不是想要一个已经使用过的方案，而是一个全新的方案。不仅要有新的设计理念，而且需要全新的效果。在设计领域，最忌讳抄袭和重复，抄袭和重复是违反设计道德的。

3. 设计进步

从设计进步的角度，如果没有创新创意，设计就不会进步，进而也会影响社会的进步。举一个身边的设计案例，就是户型设计。

近两年出现的网红户型就是四南的户型，这种户型受到市场的热烈追捧。房地产商把它作为吸引购房者的"神户型"。但这种户型一般出现在大户型。2018 年初宁波万象府在 122 平方米的等级，推出了四南户型（图 4-8）。据说一经开盘，立刻"秒光"。这个户型"神"在什么地方？

①122 平方米有 4 室 3 厅 1 厨 2 卫 2 阳台 1 设备平台 1 步入式衣帽间。功能是前所未有的齐全。一般情况下 122 平方米最多只有 3 室 2 厅 1 厨 2 卫 2 阳台，而且也要设计得非常紧凑。

②4 室。包括 3 个卧室，一个书房。且主卧室是带主卫和步入式衣帽间的全功能卧室。

③3 厅。包括门厅（玄关）、客厅、餐厅，且这三个厅都是独立的。

④2 阳台 1 设备平台。南面双阳台，北面 1 设备平台，外扩改造为餐厅，

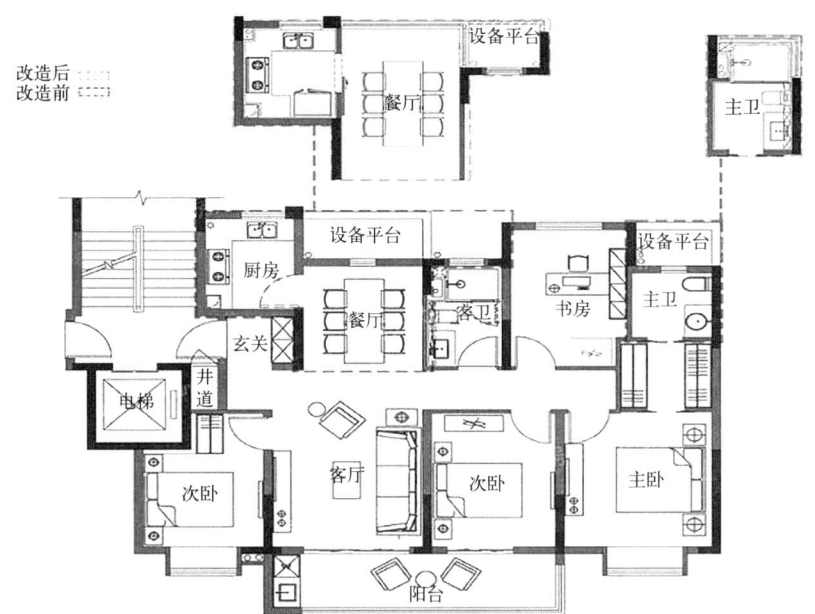

改造后 ·········
改造前 ---------

图 4-8 宁波万象府的
122 平方米的"神户型"

而原设备平台与书房间的空隙改造为实际的设备平台。

这个 122 平方米的神户型可以满足 4 口之家的需要。如果把书房改造为长辈卧室，甚至可满足 6 口之家的需要。且朝南有 4 个单位的空间，可以充分享受阳光。

像这样的户型设计就是近 20 年房地产飞速发展一步一步创新而来。其中必定有室内设计师的功劳。如果没有室内设计师的参与，不可能有这样的户型产生。早几年的对比户型：一个是宁波市青林湾 137 平方米户型（图 4-9），一个是南京市凤凰和美 140 平方米户型（图 4-10），这两个 2015 年的户型，设计也不错，但相比 2018 年宁波万象府的 122 平方米的户型，还是有不少差距。这就是户型设计创新创意带来的设计进步。不仅为房地产公司创造了效益，更为购房者创造了性价比高的优越生活环境。

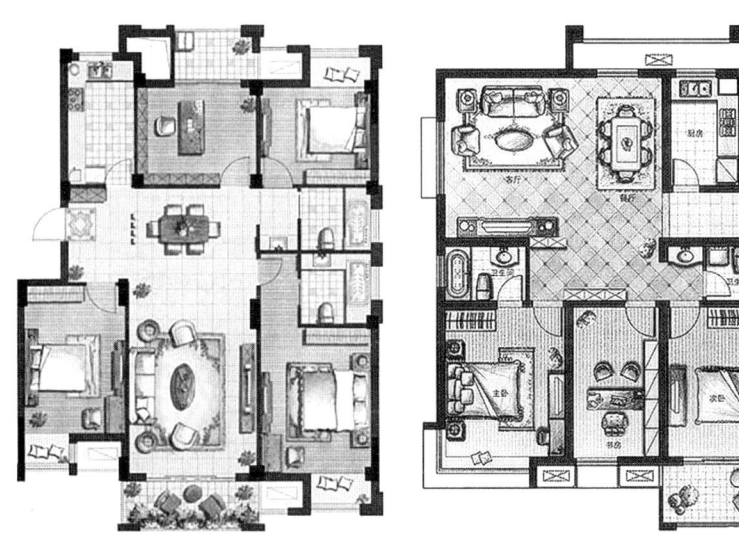

图 4-9 宁波市青林湾
137 平方米户型 4 室 2
厅 2 卫 1 厨（左）

图 4-10 南京市凤凰
和美 140.00 平方米户
型 3 室 2 厅 2 卫 1 厨（右）

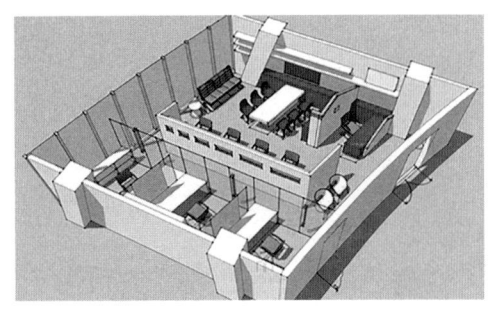

图 4-11 "SOHO3Q" 的
办公环境设计（左）
图片来源：http://www.
mt-bbs.com/thread-
265842-1-1.html

图 4-12 建外 SOHO 独
立办公室——纳什空
间 B 论投资宣传项目
（右）
图片来源：http://
bj.a963.com/works/
2017-04/800000535.htm

4. 双创层次

设计双创有多种形式，比较高层次的是设计理念的创新，这是相当不容易的。例如，潘石屹的 SOHO 中国的 "SOHO3Q" 共享办公空间理念，就是相当大胆的设计理念创新。在共享经济时代下，"SOHO3Q" 的新产品，是将写字楼、办公室以短租的形式对外租出去，预订、选位、支付等所有环节都在线上完成。在 "SOHO3Q"，你可以租一个星期、一个月，可以租一个办公桌、一个独立办公室，可以随时随地手机上预约、付款，还可以享受餐点、咖啡、复印打印等服务，只需要带着手机和电脑来工作。相应的办公空间的设计也随之创新。如图 4-11 办公区的设计开敞与封闭结合。图 4-12 办公空间与生活空间的组合等都是共享办公理念下的设计创新。

而更多的双创体现在设计功能、设计形式、设计款式、设计风格方面和空间布局、色彩肌理等视觉效果方面，这样的双创是每一个设计项目都必须体现的。设计师靠什么体现价值？就是靠自己的双创能力和双创水平。每一个设计师都必须有强烈的创新创意的意识和冲动。我们从学生时代就要开始培养这样的意识和冲动。各个学校每年都有大量的学生创新竞赛，如国家级和省级的"挑战杯"等项目，大家一定要抓住机会，积极参与。

4.3 方法要领

4.3.1 学习方法

1. 曲不离口，拳不离手

"曲不离口，拳不离手"的意思是歌唱家每天要吊嗓子、武术师每天要练拳脚，否则就会不在状态。设计师也一样，每天要画图，每天要设计，每天要创意。以前设计师手上一定会带着速写本，走到哪里，画到哪里。后来的设计师一定会带着照相机，走到哪里，拍到哪里。现在时代发展了，手机的功能超级强大，基本已经替代了速写本和照相机，但依然会有一些设计师包里放着速写本和专业照相机。速写本用来记录随时随地爆发的设计灵感，专业照相机功能强大，尤其是带广角和长焦的照相机能捕捉手机照不到的细节。

现代社会节奏超快，设计不仅要比质量，还要比速度。CAD 设计靠鼠标点击命令这速度远远不行，必须用快捷键高速输入才行。所谓快捷键就是使用键盘上某一个或几个键组合完成一条功能命门，从而达到提高设计录入的速度。我们在大学要学习许多软件，各个软件都有自己的快捷键，同学们乘年轻、记忆力强，快速背熟常用软件的快捷键，提高设计录入的速度。

2. 随时随地，无处无刻

我们的学习不要仅仅局限于学校的上课时间，课外时间更是学习的大好时光。除了完成老师布置的课程任务，还可以到实体的图书馆、网络上大量的专业网站去访问，查找专业资料，解答疑难问题。网上还有大量的优质课程、工程案例可供学习，这些都需要我们充分利用课外时间。除此之外，我们还可以利用节假日专程去博物馆、展览馆、设计院等专业场所进行考察学习。

我们的课堂不要仅仅局限于学校的教室空间，整个社会都是我们的课堂。因为我们是学习建筑室内设计的，社会上任何室内空间都是我们的学习材料。我们走进商场，在消费的同时，可以观察这个商场的功能布局是否合理，空间流线是否科学，柜台设计是否有改进之处；我们走进影院，除了放松看电影，还可以留意一下这个影院的空间是这样设计的、座位是怎样排布的、墙面用的什么隔声材料，影院的门与我们寻常的门有什么区别；我们回家去车站，就可以观察交通空间的人流路线与车站的设计是不是合理，有没有改进空间。

总之，只要你有心，随时随地、无处无刻都可以用来观察、思考、学习。我们要学会随时随地、无处无刻主动学习、主动训练。以专业基础课《素描》为例，当我们学会了基本的绘画方法后，身边的所有的物像都可以成为我们的绘画对象，在我们学习专业课《室内设计》时，可以主动访问 ABBS 室内设计论坛、美国室内设计中文网、设计之家等专业网站，这些网站为我们提供了非常丰富的学习资源，我们充分利用网络资源不断丰富我们设计信息储备，不断丰富设计的"词汇量"。

智能手机是我们当代大学生普遍使用的通信工具，智能手机的合理利用，为我们室内设计专业学生随时随地、无时无刻地学习提供了很大的便利。我们要把手机作为一个很高效的学习工具，充分利用移动网资源、用"超星学习通"等课程 APP，学习移动课程（图 4-13），完成课程作业；充分利用手机的拍照功能，随时随地、无处无刻收集专业资料；利用 QQ 或微信建立课程群与老师、同学随时随地、无时无刻交流学习心得，解决学习疑问。

3. 视野开阔，目标远大

未来要成为一个好的建筑室内设计师，首先要在大学阶段成为一个优秀的毕业生。视野开阔，目标远大是先决条件。要努力让自己成为一个"A380 型"人才（图 4-14）。"A380"是世界上最大的宽体客机,将人才标准比拟为"A380型"，其寓意不言自明。这是一种形象思维，A380 型飞机的驾驶舱部分相当于设计人才的头脑，需要拥有开阔的眼界、良好的个人素养和正确的价值观；机身部分相当于设计人才的躯干，需要拥有艺科交融的专业知识；两翼部分要挂

图 4-13　刘超英教授在超星学习通上的家装课程

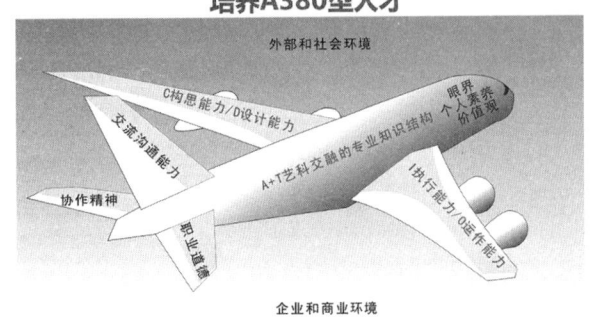

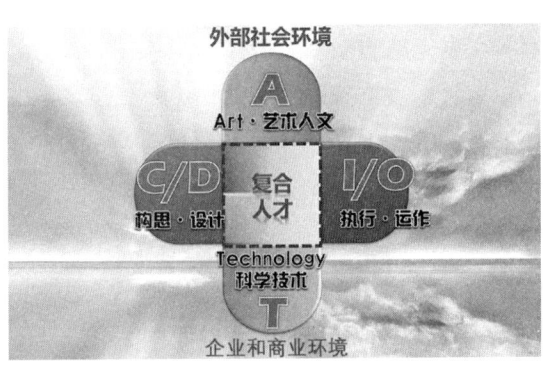

4 个发动机，分别代表设计人才需要的卓越的项目的构思（Conceive）、设计（Design）能力和项目的执行（Implement）、运作（Operate）能力；尾翼部分随气流灵活调节，相当于设计人才需要的交流沟通能力、团队协作能力、职业道德。并且能够适应外部社会环境和企业及商业环境。是具备"艺科交融 CDIO"的知识、能力、素养的复合型人才（图 4-15）。

图 4-14　A380 型人才（左）

图 4-15　"艺科交融 CDIO"的知识、能力、素养的复合型人才（右）

　　一个优秀的设计作品是设计师专业知识、人生阅历、文化艺术涵养、道德品质等诸方面的综合体现。

　　古人云：欲穷千里目，更上一层楼。一个人站得高才能看得远。一个人的视野开阔程度与他最终的专业道路走的多远是成正比例的。无数成功的事例表明，大多数事业成功者，无不都是视野相当开阔、高瞻远瞩的人。有一位哲人曾经说过这样一句话：在这个世界上，你的眼光、你的目标、你对未来的看法决定了你未来的高度！那么，作为立志成为优秀室内设计师的同学们而言，我们应该志存高远，树立远大的目标，从小事做起，从点滴做起，为实现我们的梦想不断努力、奋斗。

4.3.2 学习要领

1. 调整心态，快速入门，打好基础

现代研究证明，健康的良好的心理素质对人的成功起决定作用。由于考试成绩及职业竞争压力等原因，导致我们的精神压力较大。这要求我们在整个职业生涯的学习过程中，要时常调整自己的心态，以一种积极、乐观的心态来适应职业学校及今后的职场生活。

世界上所有人只要放对地方都是人才，能考上职业大学的高职生当然更是人才，与考上重点大学不同的是人才的类型不同。现在即便是考进技师学院的中专学生也受到政府很大的重视，出台很多人才政策进行鼓励。所以我们高职学生更要树立信心，调整心态。在大一阶段，快速入门，学好通识课，学好专业基础课，为大二、大三的进一步学习打好基础。

2. 瞄准目标，掌握知识，训练技能

进入学校，我们就要制定正确的学习目标，绘制自己的目标金字塔，然后，按照既定的目标，努力学习一门一门课程、一项一项技能，实现一个一个小目标。在具体的专业课程的学习过程中，既要学懂、学通必要的专业知识，更要在后期的课程实践中消化、应用知识，并把知识转化为技能。我们要思考"学"与"做"，"知识理解"与"技能运用"之间的关系，注意相关职业技能的不断强化训练。

例如 CAD 和室内设计工程制图课程，有大量的基础知识要学懂、学通，同时要重视上机操作，将制图原理转化为画图技能。要反复背诵快捷键，反复操练快捷键，直至最后能熟练掌握快捷键绘制符合国家制图标准的设计图纸。

3. 深入学习，注重实践，形成特长

中国有句老话："知己知彼，百战不殆"，其中知己是相当重要的。要通过各式各样的尝试，知道自己的特长在哪里？因为"一招鲜，吃遍天"。这个社会需要各式各样有特长的人。在建筑室内设计领域，也有很多方面的专业活，需要有一技之长的人，如有的人长于创意，有的人长于画图，有的人善于交流、有的人善于管理、有的同学工地测量又仔细又准确、有的同学预算能力特别强。就算是画图，有的同学速写画得好、有的同学手绘效果图画得好，有的同学CAD又快又好，有的同学 3DMAX 建模渲染很有心得，有的同学 PS 作图非常熟练。所有这些单项技能突出，就是个人的特长。要在学习和实践中逐渐发现自己的特长，然后反复训练，将其发扬光大，成为自己的能力特色。有特长的人在市场上能很快寻找适合自己的工作。

★ 实践教学

4.4 学习认知实践

4.4.1 本校优秀学生学习经验传授

邀请本校大二、大三的优秀学生传授学习体会，如有进校时基础一般，但经过两三年努力，掌握良好的学习方法，成绩突飞猛进的学生案例则最好。

4.4.2 本校学生学习业绩观摩

参观本校学生作品展览，观摩大二、大三学生的优秀作业。

4.4.3 大学三年的学业规划

在上述讲解的基础上，写大学三年的学业规划，制定一个目标金字塔，谈谈在大学三年将怎样一步一步实现自己的毕业目标。

★ 教学指南

4.5 教学安排

4.5.1 教学内容与教学目标

本章教学内容与教学目标见表4—2。

4.5.2 教学建议

1. 建议学时。理论4学时、实践4学时。

2. 教学方法。参照"1 建筑室内设计及其专业概述/1.5.2教学建议/2.教学方法"。

教学内容与教学目标表　　　　　　　　　　　　　　　　表4—2

教学内容	性质	教学单元	教学要点	知识点	要求
建筑室内设计专业学习指导	理论教学	4.1　学习目标	4.1.1　学习目标	1.毕业目标；2.目标确立；3.学习目标的实现	了解
			4.1.2　高职学习	1.人才类型；2.高职教育；3.培养模式；4.终身学习	了解
		4.2　学习要求	4.2.1　艺科交融	1.艺科交融；2.双脑并用	了解
			4.2.2　创新创意	1.创新创意；2.设计道德；3.设计进步；4.双创层次	了解
		4.3　方法要领	4.3.1　学习方法	1.曲不离口，拳不离手；2.随时随地，无处无刻；3.视野开阔，目标远大	掌握
			4.3.2　学习要领	1.调整心态，快速入门，打好基础；2.瞄准目标，掌握知识，训练技能；3.深入学习，注重实践，形成特长	掌握
	实践教学	4.4　学习认知实践	4.4.1　本校优秀学生学习经验传授	邀请本校优秀学生传授学习体会	了解
			4.4.2　本校学生学习业绩观摩	参观本校学生作品展览	了解
			4.4.3　大学三年的学业规划	作业：我应该怎样按我校的培养方案达成毕业目标	应用
	教学指南	4.5　教学安排	4.5.1　教学要求与教学目标	1.教学内容；2.教学性质；3.教学单元、教学要点、知识点；4.要求	参考
			4.5.2　教学建议	1.建议学时；2.教学方法	参考

5

建筑室内设计专业教学资源

★ 理论教学

5.1 什么是建筑室内设计专业教学资源

5.1.1 什么是建筑室内设计专业教学资源

建筑室内设计专业教学资源就是建筑室内设计专业领域的可供本专业师生学习、研究、借鉴、参考的各类专业资料和信息的集合。

5.1.2 建筑室内设计专业教学资源的类型

室内设计专业教学资源类型非常广泛，主要包括：

1. 各级各类行业管理机构

2. 各类协会／学会／研究会／基金会

3. 各类著名高校／研究机构／研究专家

4. 各类著名室内设计企业

5. 著名设计师

6. 为室内设计专业工程研究／设计／建设提供材料、产品、设备、软件、信息、会展、竞赛、排名等各类大／中／小企业及其产品

7. 各类期刊、自媒体等信息媒体资源

8. 各级各类学校的专业课程和教学资源库

9. 社会及学校各类课程网站（MOOC/SPOC）

……

5.2 为什么要学习建筑室内设计专业教学资源

5.2.1 学习建筑室内设计专业教学资源的目的

1. 使自己眼界开阔，耳聪目明

无论是学习建筑室内设计专业的学生还是学有所成的室内设计师，能够有世界性开阔的眼光和格局去审视自己的学习和专业设计，就会知道建筑室内设计专业是一个多么丰富、多么精彩的世界。建筑室内设计专业教学资源就为大家呈现了这样一个丰富而精彩的世界。从古至今，从中到外，有多少值得膜拜的大师、名作，值得学习的理论、方法，值得借鉴的设计、案例。不会被眼前的几本教材、几门课程所局限。

无论是建筑室内设计专业的学生还是教师，都需要知道：

本专业理论／设计／工程有什么样的历史、现状、未来？

本专业前沿企业／大师／专家们在想什么、做什么、说什么？

社会思潮／大众审美情趣／设计流行趋势／流行语／流行色／流行风格／各色"网红"正在发生什么变化？

行业／协会／学会／研究会／基金会有什么动态／学术活动／会展评奖／

研究项目?

国内外著名高校／特色高校／同类高校的学术／科研／教研动态。

国内外各类课程网站著名的课程／新上线的课程／精品开放课程。

一流企业／一流设计师／一流项目／一流技术／一流水平／一流品牌／一流产品是一个什么状态?

管理机构出台了什么产业政策、行业规划、规范标准?

……

其实你只要打开任何一个建筑室内设计专业教学资源的链接,你就会发现一个精彩的世界。

打开世界名师的链接你就会领略到那些令人膜拜的大师有着怎样精彩的设计作品,这比从杂志上看几页静态的图片、有限的文字介绍要丰富得多。例如,只要你打开普利兹克建筑奖评审委员会的网站 (https：//www.pritzkerprize.com/cn),你就能了解从 1979 年美国的菲利普·约翰逊 (Philip Johnson) 获得的第一届普利兹克建筑奖到 2018 年印度的巴克里希纳·多西获得的第四十届普利兹克建筑奖 (图 5-1),这 40 余位受到普利兹克建筑奖评审委员会青睐的著名建筑大师他们获奖的代表性作品、产生背景和他们之所以能获奖的理由。

如果你想进一步了解"设计女魔头"扎哈的作品,你就可以打开扎哈·哈迪德 (Zaha M. Hadid) 的公司网站 (http：//www.zaha-hadid.com/),大量令人炫目的流线型建筑,包括流线性的室内空间展现眼前 (图 5-2 ～图 5-4)。

如果你打开任何一个著名港台室内设计师的链接,你就会知道当前国内室内设计师的设计水平。因为目前著名港台室内设计师代表着国内一线设计师的设计水平。例如梁志天设计集团公司,2018 年 7 月 5 日在香港联交所主板上市 (图 5-5),为我国第一家在港上市的纯设计公司。2015 年 10 月,梁志天先生当选国际室内建筑师／设计师团体联盟(IFI)2015 ～ 2017 年度候任主席,

图 5-1　普利兹克建筑奖历届获奖者页面截屏
图片来源：https：//www.pritzkerprize.com/cn

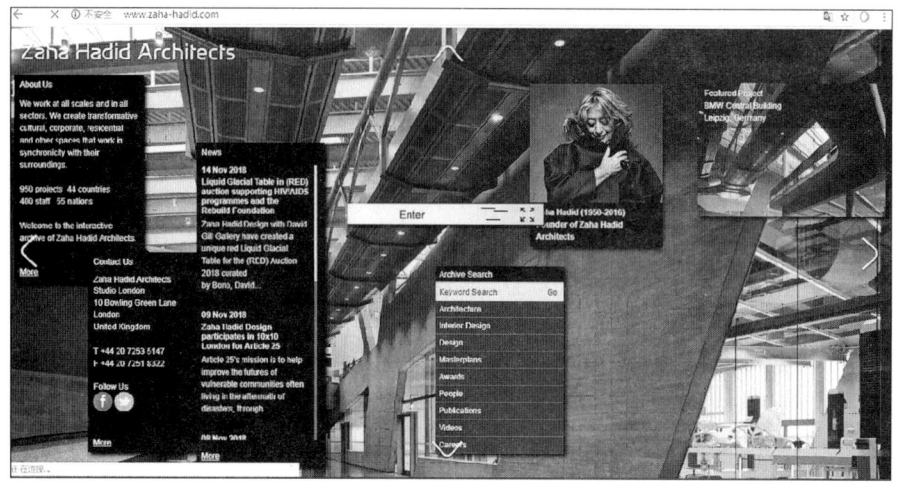

图 5-2 http：//www. zaha-hadid.com/ 首 页 截屏图

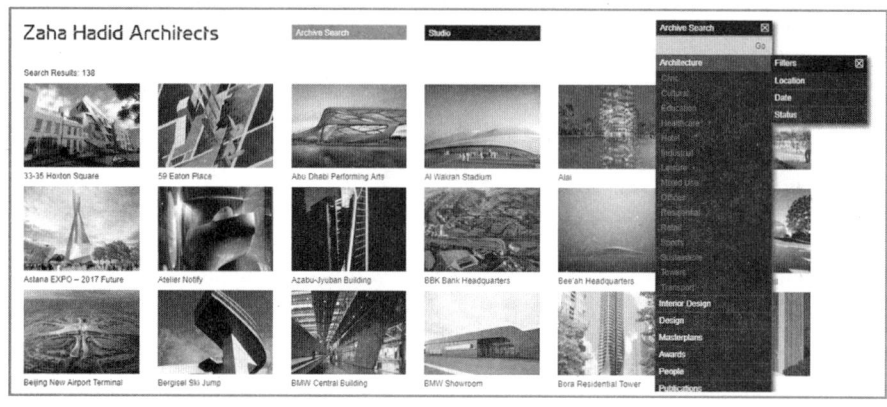

图 5-3 作品列表页面 截屏图

图 5-4 扎哈室内设计 作品 roca-london-gallery （左）
图片来源：http://www. zaha-hadid.com/

图 5-5 梁志天（右2） 在设计集团公司香港 联交所主板上市发布 会上（右）
图片来源：https:// baijiahao.baidu.com/s?id=16 03968170662589359&wfr=s pider&for=pc

2017 年 11 月起担任主席，成为第一位当选 IFI 主席的华人。这也从一个侧面显示了我国室内设计在国际上的水平。访问梁志天公司的网站（http：//www. sldgroup.com/en/index.php），你就可以看到大量梁志天公司精彩的设计作品（图 5-6）。

图 5-6　梁志天公司设
计作品
图片来源：该网站截屏

　　大凡成功的设计师无不具有世界性的眼光和学贯中西的格局。国际视野、学贯中西是现代社会非常看重的人才特质。过去为了这个国际视野，很多人不远万里，花费巨资，历经艰辛，出国留学。现在，你只要点点鼠标，就可以做到。

　　把眼界放宽，把格局放大。心有多大，世界就有多大。眼界有多宽，道路就有多宽。知道天外有天、山外有山，就不会为取得一点点小成绩所陶醉，也不会因为实现了几个小目标而止步。

　　2. 寻找设计资源，启发设计灵感

　　在做每一个设计项目时，先看看大师们是怎么想的，怎么做的？高手们做了什么探索？有什么成功的作品？有什么好的设计理念、设计创意、设计思路可资借鉴？有什么好的设计资源、设计产品、设计素材？　这才是设计思路正确的打开方式。

　　例如，你如果要设计一个现代众创办公空间，至少你应该了解潘石屹的SOHO3Q（图 5-7、图 5-8），他们是在国内率先尝试共享办公理念的品牌。

图 5-7　潘石屹的
SOHO 3Q 品牌标志
图片来源：https://nj.focus.
cn/zixun/7bc309c586cb416f.
html

SOHO3Q 目前已在北京、上海、杭州、深圳、南京、成都、重庆等七个城市建成 31 个中心，拥有超过 30000 个工位。SOHO3Q 简洁、方便、灵活的模式打造了一个庞大的共享社区，吸引了越来越多公司入驻，包括今日头条、华为、小红书、中国平安、大众点评、首汽约车等。

台湾的著名媒体人陈文茜曾经对他们做专题采访，相关视频可点击网站搜索（https：//www.iqiyi.com/v_19rre4e4lg.html）。

如果你再了解一下 Adobe 公司的办公室设计，那你也会大开眼界，设计灵感也许就会喷涌而出（图 5-9）。

图 5-8 潘石屹 SOHO 3Q 室内
图片来源：http://www.amoyoffice.com/news/detail_17181.html

图 5-9 Adobe 公司总部一角
图片来源：https://465804.kuaizhan.com/8/36/p534825540750e0

"Adobe 公司总部已经成为公司品牌的一大代表，其代表了该公司的创造力和创新精神。该总部的改造设计向公司的员工们传达了公司对于他们的极大重视，公司总部翻新的内部空间通过营造开放以及充满活力的工作环境，来培养 Adobe 所有员工们的合作精神和创造力。全新的开放工作空间、众多的聚会／会议区域，还有一个有露天看台的阶梯状会议空间，以及位于合作空间外部的'公司客厅'，再加上进行头脑风暴的会议室和各种设施使得公司员工能够通过多种方式进行相互联系和交流。"这是一篇对美国加州 Adobe 总部改造的专访中的一个小节，原文可点击（https：//465804.kuaizhan.com/8/36/p534825540750e0）查看。

3. 获取调查数据，把握市场动态

在设计每一个项目时，首先要获取第一手资讯。

当前建筑及室内设计行业是怎样的发展状态？有一些什么热门话题？你就可以访问著名的 ABBS 建筑论坛（www.abbs.cn/bbs/），在大建筑的框架下，众多的板块，各种观点的碰撞，总有你关心的主题（图 5—10）。

如果想要了解当前建筑室内设计领域的专业动态，可以登录"建筑与室内设计师网"（http：//www.china-designer.com/Forum/Mboard.asp），这是一个室内设计师的家园，是专门为室内设计师服务的网站。该网站可将设计师专题、设计选材、设计资讯、设计图库、设计资源等"一网打尽"。当你的设计有了一定的水平，你甚至可以在上面展示作品，招揽客户（图 5—11）。

如果你想了解建筑室内设计材料，就可以访问淘宝、天猫、极有家（图 5—12）等购物网站，里面有海量的各色材料展示和详细的材料性能、规格、价格等信息。

就具体设计项目而言，在设计之前，了解一下建筑室内设计市场正在发生什么变化？同行／同业／同类企业／产品／项目是什么模样？同类项目什么设计理念是最热门的？什么设计风格是最受欢迎的？周边有什么同质项目和竞赛对手？项目的受众／顾客有什么特点和诉求？什么是最新的材料／产品／工艺？等等，虽然会花去一些时间，但"磨刀不费砍柴工"，有了这些前期准备，你的设计就会少走弯路。

图 5—10 ABBS 建筑论坛首页
图片来源：该网站截屏

图 5-11　建筑与室内设计师网首页截图
图片来源：该网站截屏

图 5-12　极有家首页截屏图
图片来源：该网站截屏

4. 跳脱学校、教师、课程、书本局限

我们虽然在不同的学校就学，听学校老师的教导、上培养计划规定的课程、学指定的教材，但我们不能被这些有形的校园、有限的师资、传统的课堂、指定的教材所局限。我们必须知道领先的高校是哪些？在用什么理念开展教学？

领先的专业是什么水平？有着怎样的课程体系？

领先的课程用的是什么教学方法？课程内容和教学要求是什么？

领先的高校师生是什么水平？学生在国内获奖的作品是什么模样？

……

例如，如果你想知道世界上顶尖的高校是一个什么样的水平，你就可以访问美国的常青藤大学，例如麻省理工学院（MIT）（图 5-13）。

世界顶尖高校，水平不是一般名校可以比拟的。MIT 的网站犹如一个丰富的宝藏，拥有海量的资源。其 Open Learning 板块，有数不尽的开放课程。不出校门，你就可以领略世界顶尖大学、顶尖教师的课程。你甚至可以发现，在这么顶尖的高校，居然有一门家具制造——介绍木工制作课程（图5-14），真是不可思议！所有课程资料——教学大纲、日历、阅读、演讲笔记、视频、项目……一应齐全。

如果你想知道国内顶尖的高校是一个什么样的水平，你就可以访问清华、同济相关学院的网站，了解一流学校的一流师资是什么水平，教师配置是什么

图 5-13　麻省理工学院的首页截屏图
图片来源：该网站截屏

(a)

(b)

图 5-14　麻省理工学院的开放课程
图片来源：https://ocw.mit.edu/courses/architecture/4-296-furniture-making-spring-2005/

阵容，课程是什么样的体系。

这些都是学院派的，那么如果你想知道社会上，建筑行业内有哪些不一样的课程，那么你就可以访问"筑龙网"（http：//s.zhulong.com/），找到大量各类建筑专业资料库和各类建筑专业课程，进行建筑大类专业资料下载和课程学习（图5-15）。

如果你想进行电脑软件专题学习，则可以访问专门的软件网站，例如，最近非常热门的3D室内设计漫游效果图制作的"酷家乐"（图5-16），里面不仅有大量的设计案例可供学习，而且也提供了大量的新手学习课程。只要具备CAD制图基础，就可以很快学会3D室内设计漫游效果图制作，甚至连3DMAX和PS都不用学了！

建筑室内设计专业教学资源为你破解这些问题提供了清晰的路径、明确

图5-15　筑龙网首页截屏图
图片来源：该网站截屏

图5-16　酷家乐资讯弹窗截屏图
图片来源：酷家乐资讯弹窗

的思路。知己知彼，方能百战不殆！它既是千里眼，也是顺风耳，世界各地、古今中外只要点点鼠标就能了解！

5.2.2　怎样学习与使用建筑室内设计专业教学资源

1. 积极、主动

一直以来，我们习惯在学校里、在课堂上、在书本中获得知识，这种习惯在"互联网＋"的时代已经成为过去。依赖传统、固态的学校、师资、课堂、书本，能够得到的知识其实是非常有限的。只有我们积极、主动去寻找室内设计专业教学资源，才能学到更多的知识。特别是当我们的设计和研究项目、作业构思遇到瓶颈，苦思冥想都没有结果，这时不妨去看看国内外相关的设计网站，尤其是一流设计师的网站，说不定马上就茅塞顿开，灵感勃发，好思路、好想法源源不断，像潮水一样涌来……

2. 有的放矢，讲求精准

学习利用建筑室内设计专业资源要讲求方式、方法，要有的放矢，讲求精准。

通过各类行业管理机构的资源，了解本行业的发展战略、发展规划、准入标准、管理规则、标准规章等。

通过各类协会、学会、研究会、基金会和各类高校、研究机构、研究专家的资源，了解本行业的学术动态、理论前沿、历史文脉、未来趋势。

通过各类大、中、小室内设计企业和著名、非著名设计师的资源，了解本行业高、中、低设计水平状况及设计理念、设计方法、设计风格的流行趋势。

通过为室内设计专业工程建设提供材料、产品、设备、软件、信息、会展、竞赛、排名等各类大、中、小企业的资源，了解本行业工程建设和工程技术的水平以及为行业工程建设服务的新材料、新产品、新设备、新软件、新竞赛、新会展、新排名等信息。

通过各类书籍、期刊、自媒体等媒体的资源，了解本行业新理论、新项目、新思潮、新方法、新产品、新材料、新工艺、新技术……

通过专业名校、专业课程、专业教学资源库的资源，了解本行业的教育教学动态、教学现状和领先高校、专业带头人主持的专业、课程、资源库。特别是各类课程网站上大量名师领衔的优质课程，经过层层筛选，内容精、拍摄佳、质量优，而且大多是微课化、碎片化，可以随时随地学习，确实为我们打开新的学习通道。

3. 长期持续，终身学习

建筑室内设计专业资源，不会因为你不去学、不去访问、不去利用而消失。你不去学、别人在学。你不去访问，别人在访问。你不去利用，别人在利用。久而久之，其结果是可想而知——你的眼界没有别人开阔，你的信息没有别人灵通，你的设计没有别人时尚，你的竞争力将逐渐丧失……

建筑室内设计专业资源是动态更新的，时时刻刻都在发生变化，每天有大量新的资讯发布。所以，利用学习建筑室内设计专业资源要本着随时、随地、长期、持续和终身学习的心态。只要有任务、有项目、有需求，先看一下别人已经做了什么，做到什么程度。这样就知道自己应该做什么，应该怎样做，怎样取得突破，怎样做出有竞争力的设计方案。

5.3 建筑室内设计专业教学资源推荐

5.3.1 行业网站类

1. 行业管理网站

2. 国内著名业内网站

3. 国际著名业内网站

扫描二维码7，查看更多建筑室内设计专业行业网站类专业教学资源。

二维码7

5.3.2 国内外高校及课程

1. 国内著名专业高校

2. 世界著名专业高校

3. 精品课程

扫描二维码8，查看更多国内外高校及课程类专业教学资源。

二维码8

5.3.3 国内外著名设计专家

1. 国内著名设计专家

国内百名设计师

1）院士组

2）大师组

3）央企院组

4）地方院组

5）高校院组

6）民营院组

2. 国际著名设计专家

3. 普利兹克建筑奖历届获奖者

扫描二维码9，查看更多国内外著名设计专家类专业教学资源。

二维码9

5.3.4 国内外著名设计公司

1. 国外著名设计公司

1）美国设计公司

2）加拿大设计公司

3）欧洲设计公司

4）澳大利亚设计公司

5）其他国际著名设计公司

2. 国内著名设计企业

1）央企院组

2）地方院组

3）高校院组

4）民营院组

5）港澳台设计公司

扫描二维码10，查看更多国内外著名设计公司类专业教学资源。

二维码 10

5.3.5 专业媒体信息

1. 建筑与室内相关期刊

2. 建筑与室内相关自媒体

扫描二维码11，查看更多专业媒体信息类专业教学资源。

二维码 11

5.3.6 设计常用软件

1. 制图软件

2. 效果图软件

3. 漫游动画软件

4. 办公软件

扫描二维码12，查看更多设计常用软件类专业教学资源。

二维码 12

★ 实践教学

5.4 认知实践

专题检索实践

1. 制作一份题为《港台地区室内设计名家名作》专题检索报告，具体要求详见6建筑室内设计专业入门训练 HYRZ1-3《港台地区室内设计名家名作》专题检索报告任务书。

2. 制作一份题为《今年流行的家装设计风格》专题检索报告，具体要求详见6建筑室内设计专业入门训练 HYRZ1-4《今年流行的家装设计风格》专题检索报告任务书。

★ 教学指南

5.5 教学安排

5.5.1 教学要求

本章教学内容与教学要求见表5-1。

5.5.2　教学建议

1. 建议学时

理论 2 学时、实践 4 学时。

2. 教学方法

参照 "1 建筑室内设计及其专业概述 /1.5.2 教学建议 /2. 教学方法。"

教学内容与教学要求

表5-1

教学内容	性质	教学单元	教学要点	知识点	要求
建筑室内设计专业教学资源	理论教学	5.1　什么是建筑室内设计专业教学资源	5.1.1　什么是建筑室内设计专业教学资源	建筑室内设计专业领域可供本专业师生学习、研究、借鉴、参考的各类专业资料和信息的集合	了解
			5.1.2　建筑室内设计专业教学资源的类型	1.各类行业管理机构；2.各类协会/学会/研究会；3.各类著名高校/研究机构/研究专家；4.各类著名室内设计企业；5.著名设计师；6.为室内设计专业工程研究/设计/建设提供材料、产品、设备、软件、信息、会展、竞赛、排名等各类大/中/小企业及其产品；7.各类期刊、自媒体等信息媒体资源；8.各级学校的专业课程和教学资源库；9.社会及学校各类课程网	了解
		5.2　为什么要学习建筑室内设计专业教学资源	5.2.1　学习建筑室内设计专业教学资源的目的	1.使自己眼界开阔，耳聪目明；2.寻找设计资源，启发设计灵感；3.获取调查数据，把握市场动态；4.跳脱学校、教师、课程、书本局限	了解
			5.2.2　怎样学习与使用建筑室内设计专业教学资源	1.积极、主动；2.有的放矢，讲求精准；3.长期持续，终身学习	了解
		5.3　建筑室内设计专业教学资源推荐	5.3.1　行业网站类	1.行业管理网站；2.国内著名业内网站；3.国际著名业内网站	了解
			5.3.2　国内外高校及课程	1.国内著名专业高校；2.世界著名专业高校；3.国内外高校的专业课程	了解
			5.3.3　国内外著名设计专家	1.国内著名设计专家；2.国际著名设计专家	了解
			5.3.4　国内外著名设计公司	1.国外著名设计公司；2.国内著名设计企业	了解
			5.3.5　专业媒体信息	1.建筑与室内相关期刊；2.建筑与室内相关自媒体	了解
			5.3.6　设计常用软件	1.制图软件；2.效果图软件；3.漫游动画软件；4.办公软件	了解
	实践教学	5.4　认知实践	实践项目	1.专题检索：港台地区室内设计名家名作；2.专题报告：今年流行的家装设计风格	应用
	教学指南	5.5　教学安排	5.5.1　教学要求	1.教学内容；2.教学性质；3.教学单元、教学要点、知识点；4.教学要求	参考
			5.5.2　教学建议	1.建议学时；2.教学方法	参考

6

建筑室内设计专业入门训练

★ 理论教学

6.1 训练要求

6.1.1 学习目的

1. 设计师的沟通语言

通过前面课程的学习我们已经清楚，建筑室内设计是集人文艺术与工程技术于一体的学科。任何一个设计项目既要进行艺术设计，又要进行技术设计。而室内设计师与他人沟通的语言是设计图，其中有以艺术表现为主的概念方案图，也有以技术表达为主的工程施工图。有正式交付的工程详图，也有沟通交流时经常要用的示意草图。所以，画图是室内设计师与他人沟通的主要语言，画图能力的强弱是设计师水平高低的一个重要衡量尺度。

2. 基本功中的基本功

学设计，先学画图，这是大家的共识。画好图是设计师的基本功，前面已经介绍，我们专业有好几门与画图有关的课程。其中有些课程主要学手绘，有些课程主要学电脑软件绘图。这两种绘图能力我们都要进行训练。任何训练都是循序渐进的，在入门阶段，我们首先要进行手绘训练。手绘是设计师基本功中的基本功。

3. 手绘与电脑图并存

在现实中，设计师常常在很多项目中同时用电脑效果图与手绘效果图。与电脑效果图相比，手绘效果图更能突出重点。作为一门艺术，手绘因为表现者的修养而呈现出丰富多彩的艺术感染力，这些都是计算机无法比拟的。因为手绘效果图虚实相生，更能表现出生动的艺术效果和感染力。况且学好手绘效果图，也可以以此在设计行业中谋生。

6.1.2 学习态度

1. 电脑时代为什么还要手绘

有同学要问，现在大多数图纸都是用电脑画的，为什么还要训练手绘？因为，手绘是设计师必不可少的一门基本功，是设计师表达设计理念、表达方案结果最直接的"视觉语言"。在设计创意阶段，手绘能直接反映设计师构思时的灵光闪现，用手绘来表达这种闪现的灵光十分方便。手绘不是目标，而是一种设计思考的手段和过程。要用电脑软件画图首先也要训练手绘，因为电脑软件的任何图形输入，也是要依靠人工手绘的。例如用 CAD 软件画图，基本的图形输入是要通过鼠标手绘进去的。任何一个形状的线条从哪里开始、从哪里结束，直线还是曲线这都要通过手来控制鼠标进行输入。所以在电脑软件画图十分流行的情况下，我们依然需要训练手绘能力，道理就在这里。

2. 手绘能力可强化沟通能力

手绘也是一种沟通语言，能够快速表达设计师的分析和思考内容。还有在很多情况下我们依然需要通过手绘草图快速记录想法、收集资料、与他人沟通。例如在工地，手边没有电脑，与施工人员交流时常常还是通过手绘草图进行示意。与业主洽谈沟通时，特别是当你需要进行设计修改时，往往也是通过手绘草图进行示意与客户确认"眼神"。手绘能力强设计师的沟通能力就强，手绘能力弱，有些沟通就不能实现。

3. 学设计必须老老实实学手绘

任何一个学设计的同学都应老老实实、踏踏实实学手绘，这是学设计的同学应有的态度。能不能学好手绘"态度决定一切"。当我们明确了学习手绘的目的和意义，明确了手绘的作用，我们就会有正确的学习态度。

手绘是一种技能，"熟能生巧"。要学好手绘，必须进行大量的手绘训练。因为手绘能力的提高没有捷径可走，一笔不来，一笔不去，无法投机取巧。在学习方法中我们讲过"曲不离口，拳不离手"。手绘就是要这样，在训练阶段我们就是要"随时随地，无时无刻"进行训练。不要仅仅以完成作业为目标，学校布置的作业是最起码的训练量，要使自己真正提高手绘能力，这点量是远远不够的。大家最好随身携带速写本，一有空就可以拿出来画几笔，日积月累，就会使自己获得很好的手感，想到的好主意、想画的东西，就能够生动地呈现出来。这样你就会慢慢地爱上手绘，"兴趣是最好的老师"，在兴趣的支配下，通过不断的练习，你的手绘技能一定会突飞猛进。

6.1.3 学习步骤

1. 循序渐进开始

这是我们入门训练的宗旨。

1）从临摹开始。我们的招生渠道决定了多数同学并没有经过专业的绘画训练，有的甚至是一片空白。对于零基础的同学，我们要先从临摹开始。临摹是给你一张学习参照的样图，然后你将图仔细看一遍，理解一下，弄懂临摹这张图的目的，然后或按照原大，或按一定比例放大，用正确的步骤和方法，将样图临摹下来。简单地说，临摹是照样画，这比凭空画就简单多了。大多数临摹图需要放大，可根据原图，选择放大的比例如 1：2、1：4 等。

临摹的最低要求是将原图按比例描摹复制下来，如不动脑子，不想为什么这样画，这就变成了"放大尺"、"复印件"，这样的临摹意义不大。一定要通过临摹，理解为什么要画这张图？怎样才能画好这张图？用什么步骤才能又快又好？选择什么比例放大？怎样放大？原图为什么这样表现？等等，带着问题去临摹，才能真正获得收益。

2）先借助工具。借助工具就是借助图版、各种尺子、各种画图仪器和笔，就是让你画图时有"靠山"。铅笔沿着尺子画直线或曲线，线条就不会离谱。室内设计工程图中有大量不同类型的线条都要依靠尺规才能画好。而借助工具画图也是最容易掌握的。所以我们在入门训练时先进行几何线训练。

几何线训练是可以依靠三角尺、靠尺，来画规则的图形，设计工程图中

图6-1 学建筑学的同学都会遇到的几何线练习

几乎都是几何图形。规则的几何图形可以通过测量、计算获得线条的起始方位数据。这对理科背景的同学，是比较容易理解，上手也比较快。图6-1是来源于清华大学田学哲教授主编的《建筑初步（第二版）》(北京，中国建筑工业出版社.1999)这张图是几何线训练中的经典样图，凡是学建筑学的学生，几乎都要临摹这张图。

临摹这张图时一定要理解画图的步骤，先画什么？后画什么？怎样找圆心？怎样画曲线与直线相切的线条？怎样画平行线？怎样把线条画匀称？怎样保持图面整洁？初看这张图，许多同学都会不由自主地感叹"哇！这么难！"但仔细理解后其实并不难。但如果不思考，大部分同学是不可能画一遍就成功的。有同学画一遍不成功就画第二遍，画第二遍时就容易多了。因为有了第一遍不成功的体会，第二遍画就会用比较正确的方法。

3) 要从易到难。脱离工具的训练即徒手画，也要从简单的手绘训练着手。例如先画小块的线条练习图、材质肌理图、园林配景图（详图见图7-2）。然后慢慢加大难度。

短线条比长线条容易画，形状不明确的图比形状明确的图容易画，所以从比较容易画的图开始练习。这种图我们完全可以利用零碎的时间，随便什么纸，进行训练，多练几遍，等到比较熟练，有手感时，再来画正式的作业。

然后我们会临摹室内场景图，因为我们尚处在入门训练阶段，知识储备有限。例如，我们还没有学过透视原理，对于室内场景图，我们可能仅仅停留在临摹阶段。真正的训练要在后续课程中先理解透视原理，然后再逐步展开训练。

2．培养良好习惯

入门训练阶段我们一定要养成良好的手绘习惯。首先坐姿要正确，一般来说，人要坐的自然挺拔，人的视线应该尽量与台面保持一个垂直的状态，以手臂带动手腕用力。握笔、拿尺的姿势见图6-2。这些习惯在入门训练阶段一定要培养好。

画图的顺序也要养成良好的习惯，以画几何图的顺序为例，有一个"四先四后"的口诀："先上后下、先左后右、先曲后直、先细后粗"，这就是画图的习惯顺序。因为几何图要借助尺子，用墨水画图时，墨水不会立刻就干，所

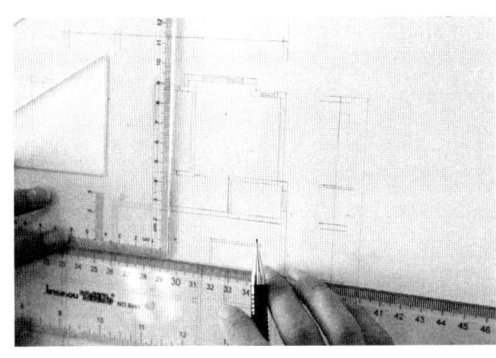

图6-2 画平行线时握笔、拿尺的正确姿势（左）

图6-3 签名练习(右)

以在尺子移动的时候，会把没有干透的线条带毛。这"四先四后"的口诀就会起作用。

3. 练好硬笔书法

入门训练阶段除了练习手绘外，还需要练习硬笔书法，因为设计师能写一手好字是社会对设计师的期待。工程草图上经常要出现手写的文字说明，工程图上也要签署设计师的名字，一手好字对设计师很重要。过去正规的工程图上要用标准的仿宋体，所以，以前凡是学习制图，必先学写仿宋体。现在工程图一般都用 CAD 软件了，所以练习书法不一定练仿宋体，可以练习普通的硬笔书法，特别是要练好自己的签名（图6-3）。

6.2 训练工具

"工欲善其事，必先利其器"，手绘表达的工具很广泛，没有特定的限制，可根据个人的喜好或习惯选择使用。对于初学者来说，大多用的是钢笔、水性笔、毡头笔等，只要画出的是清晰线条，就可以作为表达工具。

6.2.1 工具准备

1. 必备工具

入门训练阶段我们要做 10 个入门训练，同学们需要准备好必要的工具。以下是我们入门课程需要用到的工具，详见表6-1。

2. 采购说明

请大家通过方便而合算的方法自行采购。

1）采购的渠道。无非是网络或实体店，这两个渠道各有优劣。实体店看得见摸得着，但价格较贵，网上买到的东西究竟好不好，收货后才知道。所以假如网购，最好是能退换货的。万一买的不理想的，可以退回去。

2）采购的方法。无非是个体采购或团购。这两种方法也各有优劣。团购比较便宜，但个性化要求高的同学不太适宜。比如同样针管笔，国产的和进口的，普通品牌和名牌价格差异大。团购一般只能单一品牌，所以需要参与团购的同学要自己报名。

总之，采购渠道和方法大家一起商量，达成共识后再执行。

		必备入门训练工具清单	表6−1
序号	工具名称	规格（mm，注明除外）	数量
1	铅笔	HB或2H	1支
2	橡皮	中号或小号	1块
3	美工刀	大号、小号均可	1把
4	针管笔	0.3、0.6、0.9或0.2、0.5、0.8	各1支
5	美工笔	0.7或1.0	1支
6	叶筋笔	中号或小号	1支
7	碳素墨水	25～50ml	1瓶
8	丁字尺	600	1把
9	三角尺	250	1套
10	曲线板	200	1把
11	圆规	常用大小	1把
12	图版	A2	1块
13	制图纸	A2	10张
14	胶带	双面胶	1卷
15	图筒	能放下A2的纸即可	1个
16	速写本	A4或16开	1本

6.2.2 工具及使用

1. 铅笔／橡皮／美工刀

1）铅笔。是最常用的绘图工具，在手绘学习中，铅笔的可涂抹性和可修改性一般用作起稿，画错可用橡皮擦除。铅笔有从6H～H、HB、B～9B共计16种型号。H表示硬度，B表示黑度。铅笔品牌很多，有中华、施德楼、英雄、得力、马利、MARCO（马可）、UNI（三菱铅笔）等，我们入门手绘阶段的训练无需讲究品牌，国产中华铅笔就挺好（图6−4）。只要准备任何品牌HB或2H铅笔，也可用自动铅笔。

图6−4　中华铅笔

削铅笔需要有点技巧。要用美工刀细细地削，铅笔笔头最好削得细长一点，这样可以较长时间不用削（图6−5），不要用削铅笔机。

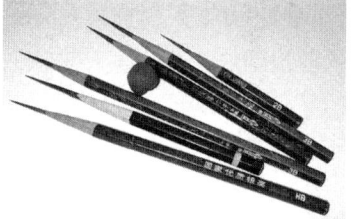

图6−5　铅笔最好削的细长一些

2）橡皮。买铅笔的时候顺便买一块橡皮。可用SAKURA／樱花牌橡皮（图6−6），其材质是PVC软胶，外观造型为长方形。只要购买小号即可。

图6−6　樱花牌橡皮

3）美工刀。主要用来削铅笔、裁纸等，相信大家都会使用，不必再详细介绍了。大号、小号均可（图6-7）。

2. 针管笔／美工笔／叶筋笔／碳素墨水

1）针管笔。针管笔是制图的基础工具之一，能绘制出均匀一致的线条。笔身是钢笔状，笔头是长约2cm中空钢制圆环，里面藏着一根活动细钢针，上下摆动针管笔能及时清除堵塞笔头的纸纤维。针管管径有0.1～1.2mm的各种不同规格，在设计制图中至少应备有细、中、粗3种不同粗细的针管笔。

常见品牌：德国红环，虽然贵，但是使用者较多（图6-8）。质量可靠，墨水也很好。英雄辉柏是合资产品，质量也很好，价格比红环略便宜，但是已经很少见了。英雄Hero是国产品牌，价格较进口的便宜很多，有三支套装。以上针管笔均需经常维护，如隔天不用最好及时清洗，以防止针管堵塞。

还有一次性针管笔，品牌如三菱（UNI PIN）、红环（Rotring）等（图6-9、图6-10）。一次性针管笔免维护，使用方便，价格也相对便宜，因为我们入门训练量不大，所以推荐大家使用。如要长期使用，当然不选一次性的。

购买时最好选0.3、0.6、0.9或0.2、0.5、0.8，因为绘图线条有细实线、中实线、粗实线之分。为了图面效果，细、中、粗之间最好有一个台阶以上。不要买成0.3、0.4、0.5，这样画出来层次不鲜明。针管笔使用方法：

（1）绘制线条时，针管笔身应尽量保持与纸面垂直，以保证画出粗细均匀一致的线条。

（2）针管笔作图顺序应依照先上后下、先左后右、先曲后直、先细后粗的原则，运笔速度及用力应均匀、平稳。

（3）用较粗的针管笔作图时，落笔及收笔均不应有停顿。

（4）针管笔除用来作直线段外，还可以借助圆规的附件和圆规连接起来作圆周线或圆弧线。

（5）平时宜正确使用和保养针管笔，以保证针管笔有良好的工作状态及较长的使用寿命。针管笔在不使用时应随时套上笔帽，以免针尖墨水干结，并应定时清洗针管笔，以保持用笔流畅。

2）美工笔。是在普通钢笔的基础上把笔尖适度折弯（图6-11），使得书写时产生粗细变化。以此追求线条的艺术效果，多用来画速写、签名等。

美工笔的品牌很多，毕加索、OASO／优尚、公爵英雄、LAMY、烂笔头、梦特娇、晨光、长书、六品堂、长诗、百乐、

图6-7　美工刀

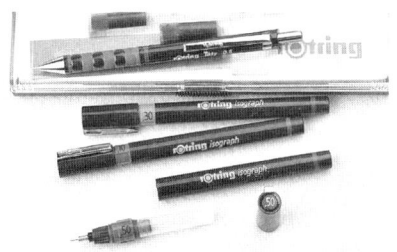

图6-8　红环（Rotring）针管笔

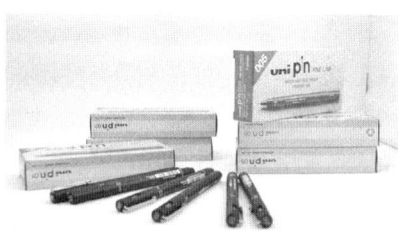

图6-9　三菱（UNI PIN）一次性针管笔

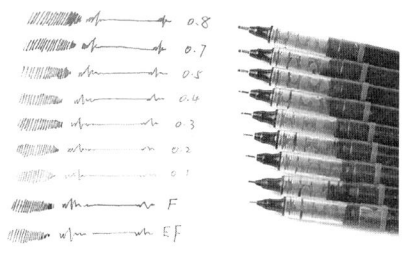

图6-10　红环（Rotring）一次性针管笔

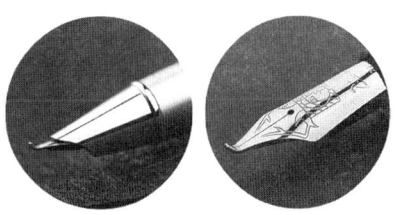

弯尖0.7mm　　弯尖1.0mm
签字·书法·签名·速写　签字·书法·手绘·速写
图6-11　美工笔笔尖

永生等大家可以随意选择。

3）叶筋笔。叶筋笔是作画用笔，专门勾画叶筋和线的（图6-12）。叶筋笔原本用于工笔画，还有画很细的线条用的，我们入门训练时主要用来涂大块面的黑色。

4）碳素墨水。碳素墨水中的主要成分是碳（C），碳在常温常压下化学性质很稳定，不容易与其他物质反应。因此用碳素墨水书写的文字便于保存，不易褪色。其品牌有派克、毕加索、英雄（图6-13）、晨光、得力、文正等，进口品牌较贵，国产品牌价廉物美。大家可以根据自己的条件和需要随意选择。

3. 丁字尺／三角尺／比例尺／曲线板／圆规

1）丁字尺。又称T形尺，为一端有横档的"丁"字形直尺，由互相垂直的尺头和尺身构成，一般采用透明有机玻璃制作，常在工程设计上绘制图纸时配合绘图板使用。丁字尺为画水平线和配合三角板作图的工具，一般可直接用于画平行线或用作三角板的支承物来画与直尺成各种角度的直线。丁字尺使用应将丁字尺尺头放在图板的左侧，并与边缘紧贴，可上下滑动使用。只能在丁字尺尺身上侧画线，画水平线必须自左至右（图6-14）。应保持工作边平直，刻度清晰准确、尺头与尺身连接牢固，不能用工作边来裁切图纸。丁字尺放置需保持丁字尺尺身的平直。

2）三角尺。常用的有直角三角尺（30度、60度、90度）。还有就是等腰三角尺（各角分别为45度、45度、90度），等腰三角尺中心一般都有一个量角器的功能（图6-15）。

3）比例尺。通过比例尺可以将巨大的物体按比例缩小到图纸上，例如120平方米的户型，用1∶100的比例就可以缩小到A4的图纸上。这时用1∶100端的刻度，图面上1厘米，等于实际的100厘米，也就是1米。比例尺为菱形，一支比例尺有6个比例刻度，如1∶30、1∶50、1∶100、1∶200、1∶500等（图6-16）。

4）曲线板。曲线板是用来画非圆曲线的（图6-17）。使用方法是在画图时，用曲线板的不同曲率，通过调整和你要画的曲率相适应，然后依曲线板作图就可以了。

5）圆规。圆规由笔头、转轴、圆规支腿组成。有的还有延伸杆、针管笔套件，买圆规时最好能兼顾针管笔的使用（图6-18）。使用方法如下。

（1）圆规两脚的高度要一样。用尺子量出圆规两脚之间的距离，作为半径。

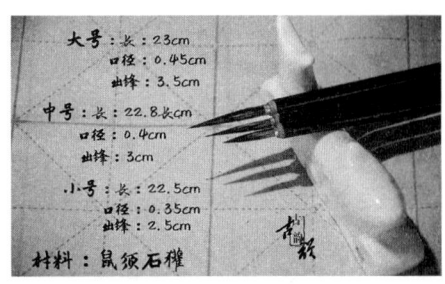

图6-12　叶筋笔

图6-13　碳素墨水

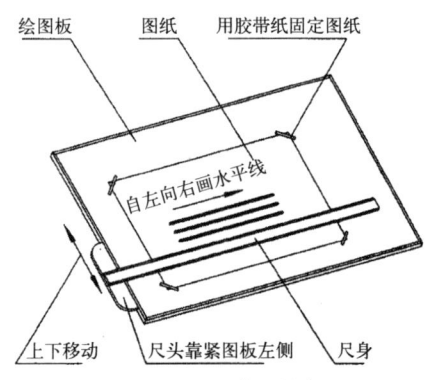

图6-14　丁字尺用法

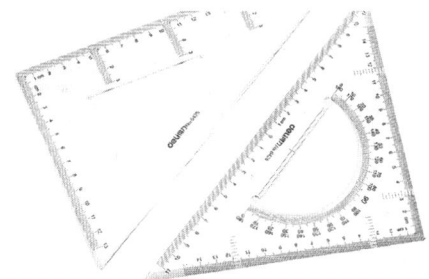

图6-15　三角尺

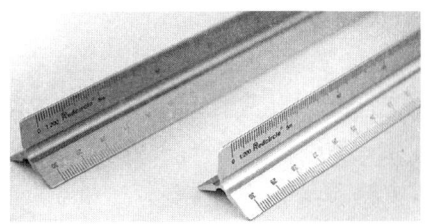

图6-16　比例尺

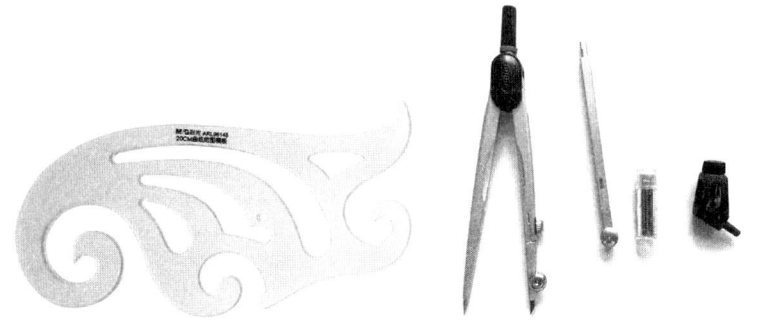

图6-17　曲线板（左）

图6-18　圆规4件套
（右）

图片来源：图6-4～图
6-19均来自https://item.
taobao.com

（2）把带有针的一端固定在一个地方，作为圆心。画圆的过程中带有针的一端（即圆心）不能移动，同时要注意保护圆心。

（3）把带有铅笔的一端旋转一周，画圆的过程中圆规要稍微倾斜30度左右，使画出的圆的线条流畅。

4．画板／制图纸／胶带／图筒／速写本

1）画板。多为木制，手感轻盈，光滑，常用来垫画纸的平板，可常放在桌面上，也有放画架上、膝盖上画的。画板大小随使用者要求而定，初学者一般选用A2大小的画板。

2）制图纸。专门供绘制工程图用的纸。质地紧密而强韧，光泽，尘埃度小。具有耐擦性、耐磨性、耐折性的特点，比一般书纸、复印纸质地紧密。画错后可以反复用橡皮擦修改，不易起毛。

5．其他

1）胶带。主要用来固定图纸。

2）图筒。画筒材质多为优质软胶塑料。图纸最怕折叠，折痕会严重影响图面效果。用图筒，就是把图纸卷起来，放入塑料的保护筒，主要用来防折和防水。筒规格：桶内直径为9.5～10cm左右。画筒长度为77～130cm左右（长度77cm，拉升后长度可达130cm）。

3）速写本。供随时随地练习速写，收集资料。32开携带方便，16开图幅比较大，均可选择。

6.3　训练课题

建筑室内设计入门练习从几何线条临摹练习开始，主要通过对钢笔线条临摹练习，建筑平立剖临摹练习，建筑环境配图临摹练习来达到专业提升与表达。线条的练习，是学习手绘表达的基础性练习。准确、工整、快速的线条是每个初学者应该掌握的技能。线条是客观事物存在的一种外在形式，它制约着物体的表面形状，每一个存在着的物体都有自己的外轮廓形状，都呈现出一定线条组合。通过一定线条的组合，人们就能联想到某种物体的形态和运动。学会用不同的线条表现想表现的设计意图是学习设计的同学必然要经过的训练。入门阶段，将通过四组训练，给大家一个初步的设计训练体验。

6.3.1 线条训练

1. 几何线训练

1) 种类。有直线和曲线两类，直线中分为垂直、水平、斜线和折线；曲线分几何形、有机形、自由形与波浪形。

2) 效果。建筑室内的空间界面许多是可通过几何线来表现的。通过长短、粗细、疏密、曲直的线条组织与排列来表现设计意图。几何线是秩序和规范的代表，它借助于绘图钢笔和直尺工具来表现特定的对象，其效果严谨、规范、工整。若处理不好会显得有些呆板，缺乏个性。

3) 训练。几何线训练将通过一组几何线的临摹练习，学会依靠工具，绘制几何线条图。训练的题目有8张图（图7-1～图7-8），具体要求详见7.2 线条训练系列下的RMXL1-1～RMXL1-3几何线训练任务书。

2. 自由线训练

1) 种类。自由直线、自由曲线。

2) 效果。自由线与几何线相比，效果自然、灵动、轻松、丰富。例如直线有快速、均匀、硬朗的感觉，多表达坚硬的材质。曲线有起伏、缓慢、随意的感觉，多用来表达植物、布艺、花艺等。

3) 画法。钢笔自由线画直线时运笔需放松，杜绝分小段反复描绘。画曲线时用笔要果断、有力，一气呵成，不能出现"描"的现象。画线条要连贯，切忌犹豫和停顿。不要来回重复表达一条线，还要注意对钢笔力度的控制。力度的控制并不是将笔使劲往纸上按，而是指能感觉到笔尖在纸上的力度掌握自如，时轻时重，随心所欲。不要用故意抖动或进行其他矫揉造作的笔法。运笔速度控制有度、快慢得当。快的线条较直，适合表达简洁流畅的形体，慢的线条较为抖动，适合表达平稳而厚重的物体。

4) 训练。将通过一组自由手绘临摹练习，体验用钢笔徒手绘制线条图。训练的题目有5张图（图7-9～图7-13），具体要求详见7.2 线条训练系列下的RMXL1-4～RMXL1-5钢笔自由线训练任务书。

6.3.2 图案陈设表现训练

1) 种类。图案和陈设无论在平面图、立面图还是效果图中是经常出现的。图案出现在各种装饰画、织物、地毯上，陈设除了前面三样，还包括家具、器皿及各种摆设。

2) 效果。图案和陈设能够丰富室内设计语言，活跃室内空间气氛，使得室内充满生活气息和迷人的范围。所以，无论在平面图、立面图还是效果图中，适当的布置几件陈设，会使得室内空间显得充实，富有活力。

3) 训练。将通过一组图案和陈设的临摹练习，学会如何通过简单的几笔，手绘这些东西。训练题目有8张图（图7-14～图7-21），具体要求详见7.3 图案和陈设训练系列下的RMXL2-1～RMXL2-3图案和陈设训练任务书。

6.3.3 手绘室内表现图

1. 手绘平面图训练

将通过一组手绘平面图的临摹练习，了解手绘平面图的绘制技巧。手绘平面图绘制时，主要有两种方法，一种是比较简洁的表现，不强调线条的粗细变化和点线面的配合，只表现家具及其他功能布局位置，其效果规整、简洁（样图见图7-22～图7-24）。另一种比较讲究运笔变化，并较多地用点线面来修饰图面效果（样图见图7-25、图7-26）。除了表现功能布局位置外比较强调家具和陈设的质感表现，其效果比较丰富，图面效果比较有感染力。

1）种类。包括手绘户型布置图即手绘平面图和手绘立面图、剖面图（样图见图7-27）、细部节点详图、室内场景效果图。应用比较多的是手绘户型布置图和室内场景效果图，其他施工平面图及立面图、细部节点详图等大多用CAD制作。

2）效果。手绘户型布置图是向客户当面快速说明室内布局意图的一种有效手段。

3）训练。手绘平面图绘制的两种方法可分别训练，具体要求详见7.4 手绘表现图训练系列下的RMXL3-1手绘表现图训练任务书（家装平面图与建筑剖面图）。

2. 手绘效果图训练

将通过一组手绘效果图的临摹练习，了解手绘效果图的绘制技巧。手绘效果图中运用手绘表现手法，可以使作品的个性突出，感染力强。手绘线条经过设计师头脑中主观加工、抽象综合，不仅能表现具象，还可以表现意象、抽象等效果。在客观世界中不存在的线，在艺术世界中可以有，而且还可以在某种形式和谐统一的构成中，成为设计表现中的主要手段。手绘效果图表现时要注意线条力度，特别是起笔、行笔、收笔的细微变化。这样画出来的线条富有张力，自然、流畅。

1）种类。主要有以结构线为主的室内场景图（样图见图7-28～图7-31）、以明暗为主的室内场景图（样图见图7-32、图7-33）、两者结合的室内场景图（样图见图7-34、图7-35）。

2）效果。手绘效果图是快速表达室内空间主要界面效果的有效方法。

3）训练。三类效果图可分别训练，具体要求详见7.4 手绘表现图训练系列下的RMXL3-2手绘表现图训练任务书（手绘室内场景图）。

★ 实践教学

6.4 入门训练指导

入门阶段，安排三个系列10个项目的手绘训练。各学校可根据自身情况和课时要求选择三个系列全部或部分内容进行必要的入门训练。

6.4.1 线条训练系列*

RMXL1-1几何线训练任务书（直线与曲线）

RMXL1-2几何线训练任务书（欧式门构造图与室内空间图）

RMXL1-3 几何线训练任务书（古罗马柱式）

RMXL1-4 钢笔自由线训练任务书（地砖和毛石墙）

RMXL1-5 钢笔自由线训练任务书（木纹和窗帘）

6.4.2　图案和陈设训练系列 *

RMXL2-1 图案和陈设训练任务书（图案）

RMXL2-2 图案和陈设训练任务书（家具）

RMXL2-3 图案和陈设训练任务书（器皿）

6.4.3　手绘表现图训练系列 *

RMXL3-1 手绘表现图训练任务书（家装平面图与建筑剖面图）

RMXL3-2 手绘表现图训练任务书（室内场景图）

＊详见 7 建筑室内设计专业入门训练任务书

★ 教学指南

6.5　教学安排

6.5.1　教学内容与教学目标

本章教学内容与教学目标见表 6-2。

6.5.2　教学建议

1．建议学时

理论 2 学时、配套实践 16 ～ 20 学时。

2．教学方法

1）每次训练作业均在课程 APP 上布置、上传、批改。老师在上面自建课程。详解入门训练作业要求。无 APP 则将完成的作业上传至已组建的 QQ 课程群指定图片文件夹。

2）理论部分按先前教学方法实施教学，实践部分每 2 学时在课堂上安排一项训练。时间不够可转为课后作业，也可集中 2 周时间安排进行训练。

3）教师实施示范教学，也可拍摄教师画示范图时的小视频，上传课程 APP（课程网站）或 QQ 课程群，学生有需要时可反复观摩学习。

4）经常进行学生的优秀作业展示。展示可放在展示栏、过道、教室内，也可上传课程群，一方面表彰、鼓励优秀学生，也可以此带动其他学生。

6.5.3　推荐阅读书目

[1] 杨健．室内空间徒手表现法 [M]．沈阳：辽宁科学技术出版社，2003．

[2] 陈红卫．手绘效果图典藏 [M]．北京：中国经济文化出版社，2003．

[3] 王琼，姜亚洲．室内设计的快速表达与表现 [M]．北京：中国建筑工业

教学内容	性质	教学单元	教学要点	知识点	要求
建筑室内设计专业入门训练	理论教学	6.1　训练要求	6.1.1　学习目的	1.设计师的沟通语言；2.基本功中的基本功；3.手绘与电脑图并存	了解
			6.1.2　学习态度	1.电脑时代为什么还要手绘；2.手绘能力可强化沟通能力；3.学设计必须老老实实学手绘	了解
			6.1.3　学习步骤	1.循序渐进开始；2.培养良好习惯；3.练好硬笔书法	了解
		6.2　训练工具	6.2.1　工具准备	1.必备工具；2.采购说明	了解
			6.2.2　工具及使用	1.铅笔/橡皮/美工刀；2.针管笔/美工笔/叶筋笔/碳素墨水；3.丁字尺/三角尺/比例尺/曲线板/圆规；4.画板/制图纸/胶带/图筒/速写本；5.其他	掌握
		6.3　训练课题	6.3.1　线条训练	1.几何线训练；2.自由线练习	了解
			6.3.2　图案陈设训练	1.图案表现训练；2.陈设表现训练	了解
			6.3.3　手绘室内表现图	1.手绘平面图训练；2.手绘效果图训练	了解
	实践教学	6.4　入门训练指导	6.4.1　线条训练系列	RMXL1-1几何线训练（直线与曲线）；RMXL1-2几何线训练（欧式门构造图与室内空间图）；RMXL1-3几何线训练（古罗马柱式）；RMXL1-4钢笔自由线训练（地砖和毛石墙）；RMXL1-5钢笔自由线训练（木纹和窗帘）	应用
			6.4.2　图案陈设训练系列	RMXL2-1图案和陈设训练（图案）；RMXL2-2图案和陈设训练（家具）；RMXL2-3图案和陈设训练（器皿）	应用
			6.4.3　室内表现图训练系列	RMXL3-1手绘表现图训练（家装平面图与建筑剖面图）；RMXL3-2手绘表现图训练（室内场景图）	应用
	教学指南	6.5　教学安排	6.5.1　教学要求与教学目标	1.教学内容；2.教学性质；3.教学单元、教学要点、知识点；4.要求	参考
			6.5.2　教学建议	1.建议学时；2.教学方法	参考
			6.5.3　教学资源	推荐阅读书目	参考

出版社，1998.

[4] 李大俊 . 环境设计手绘效果图实用教程 [M]. 重庆：重庆大学出版社，2016.

[5] 罗周斌 . 室内设计手绘效果图 [M]. 长沙：湖南大学出版社，2014.

[6] 彭一刚 . 建筑绘画及表现图 [M].2 版 . 北京：中国建筑工业出版社，1999.

[7] 张举毅 . 建筑画 [M]. 北京：中国建筑工业出版社，2004.

[8] 路凤仙 . 设计透视学 [M]. 福州：福建美术出版社，1996.

[9] 赵慧宁，郑曦阳 . 建筑环境配景图例与表现技法 [M]. 南京：东南大学出版社，2004.

[10] 钟旭东 . 钢笔＋马克笔　园林景观效果图快速表现 [M]. 北京：化学工业出版社，2013.

[11] 江寿国 . 手绘效果图表现技法详解——建筑设计 [M]. 北京：中国电力出版社，2010.

[12] 冯信群，刘晓东 . 室内效果图快速表现技法 [M]. 南昌：江西美术出版社，2005.

[13] 赵国斌 . 室内设计手绘效果图 [M]. 沈阳：辽宁美术出版社，2017.

7

建筑室内设计专业入门训练任务书

以下共有 4 个系列 12 个项目，其中认知实践系列为必选项，其他 3 个系列中的 10 个选项为可选项。各学校可根据自身情况和课时要求选择每个系列全部或部分内容进行必要的入门训练，也可自选训练样图进行入门训练。

7.1 认知实践系列

HYRZ1-1 本地知名室内设计企业介绍 PPT 任务书

1. 作业标签

班级		年级		训练日期	
学号		姓名		训练形式	团队训练
编号	HYRZ 1-1	导师		训练规格	6～8分钟PPT
所属团队名称				本人任务	

2. 任务要点

制作一份题目为：本地知名室内设计企业介绍 PPT。

1）组队。个体＋团队形式完成一本《本地知名室内设计企业介绍 PPT》。每班组成 4 个团队。每个团队 6～8 人，自由组合。选举 1 位团队负责人担任组长。

2）内容。考察 2～3 家本地设计施工企业，重点考察企业运行模式、组织架构、业务领域、设计师岗位主要职责、薪酬结构、主要业绩。在考察过程中要主动记笔记、拍照收集资料。

3）编辑。要求图文并茂。每页至少 2 张图片。文字包括图片说明＋整体介绍。每个团队需统一排版格式、标题与正文字体字号。尽量搜索高清图片，文字需根据网络资料自行编辑。

4）容量。每个成员完成重点考察企业运行模式、组织架构、业务领域、设计师岗位主要职责、薪酬结构、主要业绩中的一个部分。组长进行 PPT 版式及内容统稿。

3. 作业目的

重点训练资料搜索能力、图文合成能力、PPT 版面设计能力。

4. 考核标准

《本地知名室内设计企业介绍PPT》考核表

考核要求	得分权重	自我考核	课代表考核	教师考核（最终得分）
及时上交	20%			
内容翔实	30%			
图文并茂	25%			
排版美观	25%			
考核者签名				

HYRZ1–2《世界建筑室内设计名家名作赏析》画册编辑任务书

1. 作业标签

班级		年级		训练日期	
学号		姓名		训练形式	团队训练
编号	HYRZ 1–2	导师		训练规格	画册编辑
所属团队名称				本人任务	

2. 任务要点

1）组队。以个体＋团队形式完成《世界建筑室内设计名家名作赏析》彩色画册编辑任务。每班组成 4～6 个团队。每个团队 6～8 人，自由组合。选举 1 位团队负责人担任主编。

2）内容。可依据本教材"7.3.2 国际著名建筑设计专家"和"7.3.3 普利兹克建筑奖历届获奖者"提供的线索，自行从网络上搜集。每个团队成员选择的建筑师不能重复。

3）编辑。要求图文并茂。每页至少 2 张图片。文字包括图片说明＋整体介绍。每个团队需统一排版格式。尽量搜索高清图片，文字需根据网络资料自行编辑。

4）容量。每个成员完成 1 位世界著名建筑室内设计师的介绍单页。每位建筑师介绍不少于 4 页，不多于 8 页。每本画册由团队成员所制作的单页集成。6 人组不少于 24 页不多于 48 页，8 人组不少于 32 页，不多于 64 页（均指内页）。另需设计封面和封底，内容还应包括目录、后记。

5）排版。可以用 Word 软件或其他合适的软件，编辑完成后以 pdf 格式存盘。

6）装订。采用铜版纸双面彩色打印。内页 120 克，封面 250 克。双面彩色打印，软胶装装订。请将此页沿裁切线裁下，填妥表格，完成自我考核，装订在画册第一页。

3. 作业目的

正规表达，强调策略、结构、规范、条理、新颖。重点训练:资料搜索能力、图文合成能力、版面设计能力。

4. 考核标准

彩色画册《世界建筑室内设计名家名作赏析》考核表

考核要求	得分权重	自我考核	课代表考核	教师考核（最终得分）
及时上交	20%			
内容翔实	30%			
图文并茂	25%			
排版美观	25%			
考核者签名				

HYRZ1-3《港台地区室内设计名家名作》
专题检索报告任务书

1.作业标签

班级		年级		训练日期	
学号		姓名		训练形式	专题检索
编号	HYRZ 1-3	导师		训练规格	检索报告
所属团队名称				本人任务	

2.任务要点

1）组队。以个体＋团队形式，完成《港台地区室内设计名家名作》专题检索报告任务。每班组成4～6个团队，每个团队6～8人，自由组合。选举1位团队负责人担任主编。

2）内容。可依据本教材相关二维码扫描资源提供的线索，自行从网络上搜集。每个团队成员选择的建筑师不能重复。

3）编辑。要求图文并茂。每页至少2张图片。文字包括图片说明＋整体介绍。每个团队需统一排版格式。尽量搜索高清图片，文字需根据网络资料自行编辑。

4）容量。每个成员完成1位港台地区室内设计名家名作的介绍单页。每位设计师介绍不少于2项作品。每本检索报告由团队成员所制作的介绍页面集成，以流行的微信公众号版式编排。

5）排版。可以用微信公众号推荐的小程序编辑排版。

6）分享。将完成的专题检索报告分享到班级微信群。

3.作业目的

正规表达，强调策略、结构、规范、条理、新颖。重点训练：资料搜索能力、图文合成能力、版面设计能力。

4.考核标准

专题检索报告《港台地区室内设计名家名作》考核表

考核要求	得分权重	自我考核	课代表考核	教师考核（最终得分）
及时上交	20%			
内容翔实	30%			
图文并茂	25%			
排版美观	25%			
考核者签名				

HYRZ1-4《今年流行的家装设计风格》
专题检索报告任务书

1. 作业标签

班级		年级		训练日期	
学号		姓名		训练形式	专题检索
编号	HYRZ 1-4	导师		训练规格	检索报告
所属团队名称				本人任务	

2. 任务要点

1) 组队。以个体＋团队形式，完成《今年流行的家装设计风格》专题检索报告任务。每班组成4～6个团队，每个团队6～8人，自由组合。选举1位团队负责人担任主编。

2) 内容。可依据本教材相关二维码扫描资源提供的线索，自行从网络上搜集。每个团队成员选择的建筑师不能重复。

3) 编辑。要求图文并茂。文字包括图片说明＋整体介绍。每个团队需统一排版格式。尽量搜索高清图片，文字需根据网络资料自行编辑。

4) 容量。每个成员完成2种家装风格的介绍单页。每本检索报告由团队成员所制作的介绍页面集成，以流行的微信公众号版式编排。

5) 排版。可以用微信公众号推荐的小程序编辑排版。

6) 分享。将完成的专题检索报告分享到班级微信群。

3. 作业目的

正规表达，强调策略、结构、规范、条理、新颖。重点训练:资料搜索能力、图文合成能力、版面设计能力。

4. 考核标准

专题检索报告《今年流行的家装设计风格》考核表

考核要求	得分权重	自我考核	课代表考核	教师考核(最终得分)
及时上交	20%			
内容翔实	30%			
图文并茂	25%			
排版美观	25%			
考核者签名				

7.2 线条训练系列

RMXL1-1 几何线训练任务书（直线与曲线）

1. 工具准备

序号	工具名称	规格（mm，注明除外）	数量
1	铅笔	HB或2H	✓
2	橡皮	中号或小号	✓
3	美工刀	大号、小号均可	✓
4	针管笔	0.6或0.5	✓
5	美工笔	0.7或1.0	
6	叶筋笔	中号或小号	
7	碳素墨水	25～50ml	✓
8	丁字尺	600	✓
9	三角尺	250	✓
10	曲线板	200	
11	圆规	常用大小	✓
12	图板	A2	✓
13	制图纸	A2	✓
14	胶带	双面胶	✓

2. 训练要点
1）将制图纸用双面胶裱板平整。
2）了解工具的使用要求。
3）读懂示范图，重点：找圆心、保护圆心、直线与曲线相切、画平行线。
4）读懂训练要求，墨线描画注意"四先四后"。
5）绘制图框，距离纸边各1厘米，在右下角按下表样填写相关训练信息。

班级		年级		训练日期	
学号		姓名		训练形式	墨线手绘
编号	RMXL1-1	导师		训练规格	A2

6）按示范图上下左右放大2倍，布局用铅笔起稿，铅笔起稿要轻淡，用0.6针管笔描线，完成后用橡皮擦除铅笔笔痕。
7）请将此页沿裁切线裁下，填妥表格，完成自我考核，贴在图纸左上角，作为作业标签。

3. 训练要求
保持图面整洁，线条清晰、匀称、流畅，文字书写端正。

4. 训练目的
正规表达，规范、条理、新颖。重点训练：绘图能力。

5. 考核标准

考核要求	得分权重	自我考核	课代表考核	教师考核（最终得分）
及时上交	10%			
图面整洁	10%			
线条清晰、匀称、流畅	60%			
文字书写端正	20%			
考核者签名				

图 7-1　几何线训练——直线与曲线样图一（墨线）
图片来源：田学哲.建筑初步（第二版）

图 7-2　几何线训练——直线与曲线样图二（墨线）

RMXL1-2 几何线训练任务书（欧式门构造图与室内空间图）

1. 工具准备

序号	工具名称	规格（mm，注明除外）	数量
1	铅笔	HB或2H	✓
2	橡皮	中号或小号	✓
3	美工刀	大号、小号均可	✓
4	针管笔	0.3、0.6、0.9或0.2、0.5、0.8	✓
5	美工笔	0.7或1.0	
6	叶筋笔	中号或小号	
7	碳素墨水	25～50ml	✓
8	丁字尺	600	✓
9	三角尺	250	✓
10	曲线板	200	
11	圆规	常用大小	✓
12	图板	A2	✓
13	制图纸	A2	✓
14	胶带	双面胶	✓

2. 训练要点
1) 将制图纸用双面胶裱板平整。
2) 了解工具的使用要求。
3) 读懂示范图，重点理解欧式门的构造，对称结构，端庄典雅。
4) 读懂训练要求，墨线描画注意"四先四后"。
5) 0.9针管笔绘制图框，距离纸边各1厘米，在右下角按下表样填写相关训练信息。

班级		年级		训练日期	
学号		姓名		训练形式	墨线手绘
编号	RMXL1-2	导师		训练规格	A2

6) 按示范图上下左右放大2倍，布局用铅笔起稿，铅笔起稿要轻淡，注意用不同粗细的针管笔描线，粗实线用0.9，中实线0.6，细实线0.3。完成后用橡皮擦除铅笔笔痕。

7) 请将此页沿裁切线裁下，填妥表格，完成自我考核，贴在图纸左上角，作为作业标签。

3. 训练要求
保持图面整洁，线条清晰、匀称、流畅，文字书写端正。

4. 训练目的
正规表达，规范、条理、新颖，重点训练：绘图能力。

5. 考核标准

考核要求	得分权重	自我考核	课代表考核	教师考核（最终得分）
及时上交	10%			
图面整洁	10%			
线条清晰、匀称、流畅	60%			
文字书写端正	20%			
考核者签名				

框架结构剖面　　　立面

镶砖饰面的薄板
结构剖面

图 7-3　欧式门立面及构造样图

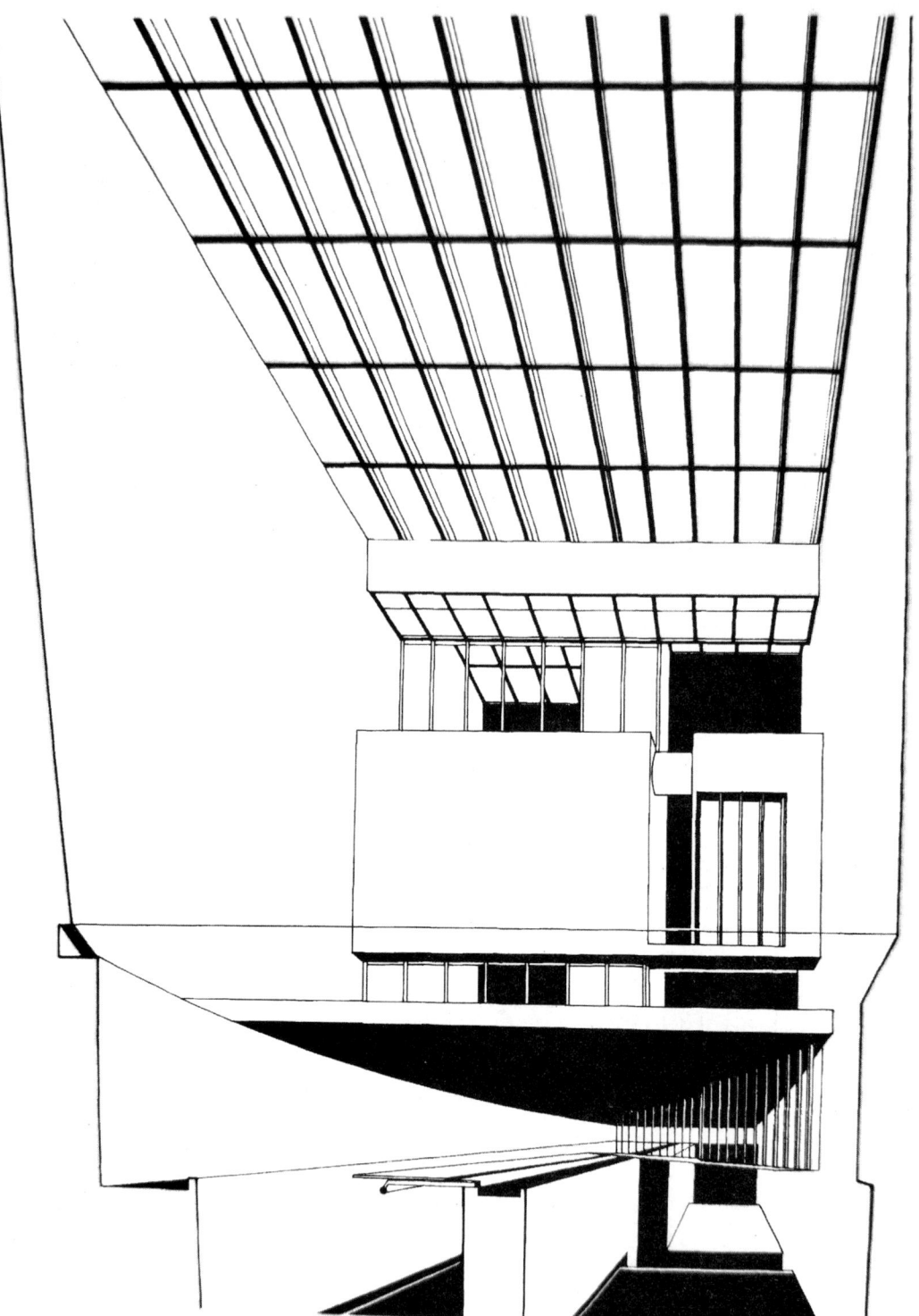

图 7-4 以直线与面表达的室内空间

RMXL1-3 几何线训练任务书（古罗马柱式）

1. 工具准备

序号	工具名称	规格（mm，注明除外）	数量
1	铅笔	HB或2H	✓
2	橡皮	中号或小号	✓
3	美工刀	大号、小号均可	✓
4	针管笔	0.3、0.6、0.9或0.2、0.5、0.8	✓
5	美工笔	0.7或1.0	
6	叶筋笔	中号或小号	
7	碳素墨水	25～50ml	✓
8	丁字尺	600	✓
9	三角尺	250	✓
10	曲线板	200	✓
11	圆规	常用大小	✓
12	图板	A2	✓
13	制图纸	A2	✓
14	胶带	双面胶	✓

2. 训练要点

1）将制图纸用双面胶裱板平整。

2）了解工具的使用要求。

3）读懂示范图，重点理解古罗马四种柱式的构造与特点，可选择其中两种进行表现。

4）读懂训练要求，0.9针管笔绘制图框，距离纸边各1厘米，在右下角按下表样填写相关训练信息。

班级		年级		训练日期	
学号		姓名		训练形式	墨线手绘
编号	RMXL1-3	导师		训练规格	A2

5）按示范图上下左右放大2倍，布局用铅笔起稿，铅笔起稿要轻淡，注意用不同粗细的针管笔描线，粗实线用0.9，中实线0.6，细实线0.3。完成后用橡皮擦除铅笔笔痕。

6）请将此页沿裁切线裁下，填妥表格，完成自我考核，贴在图纸左上角，作为作业标签。

3. 训练要求

保持图面整洁，线条清晰、匀称、流畅，文字书写端正。

4. 训练目的

正规表达，规范、条理、新颖。重点训练：绘图能力。

5. 考核标准

考核要求	得分权重	自我考核	课代表考核	教师考核（最终得分）
及时上交	10%			
图面整洁	15%			
线条清晰、匀称、流畅	60%			
文字书写端正	15%			
考核者签名				

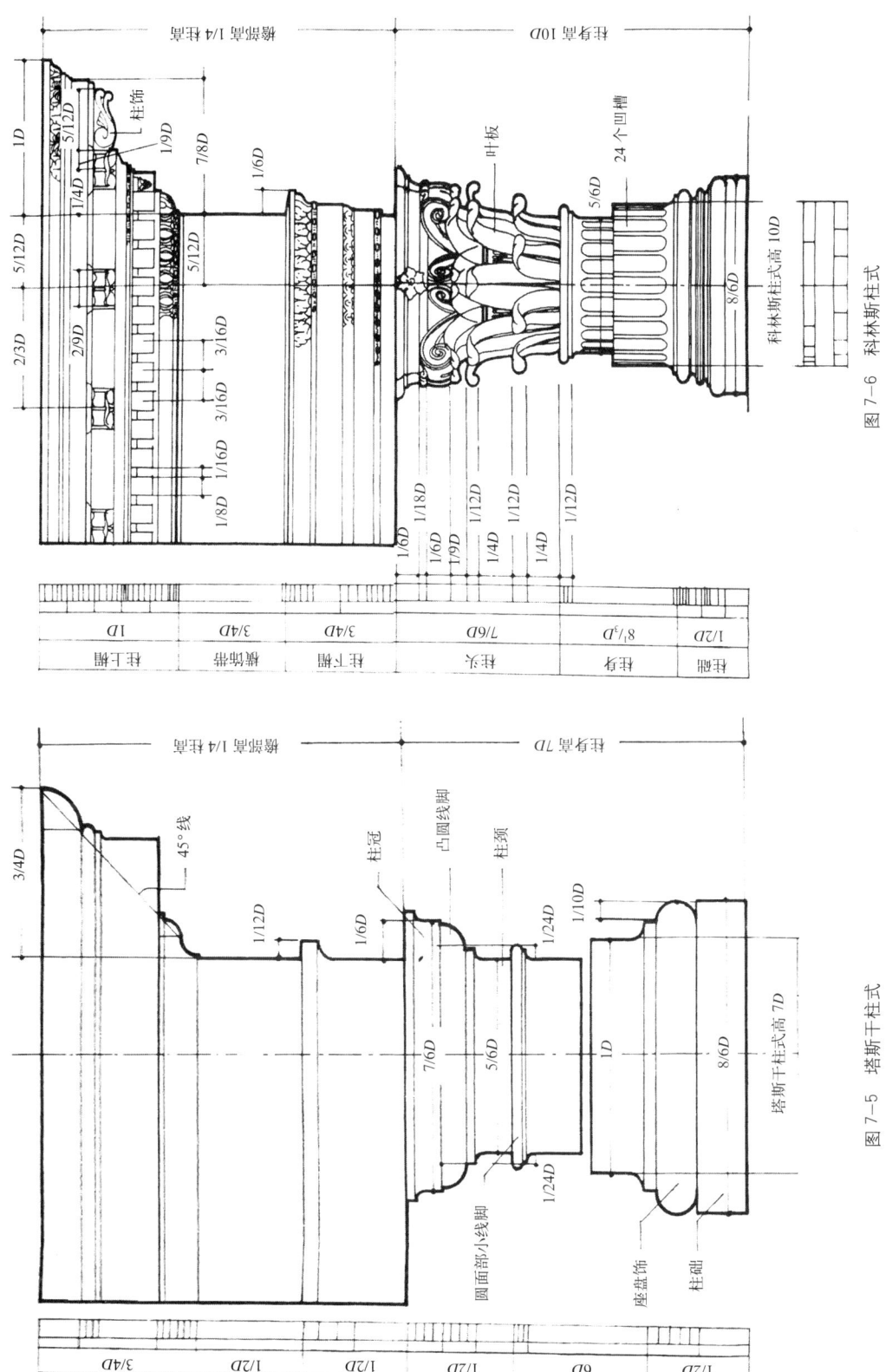

图 7-6 科林斯柱式

图 7-5 塔斯干柱式

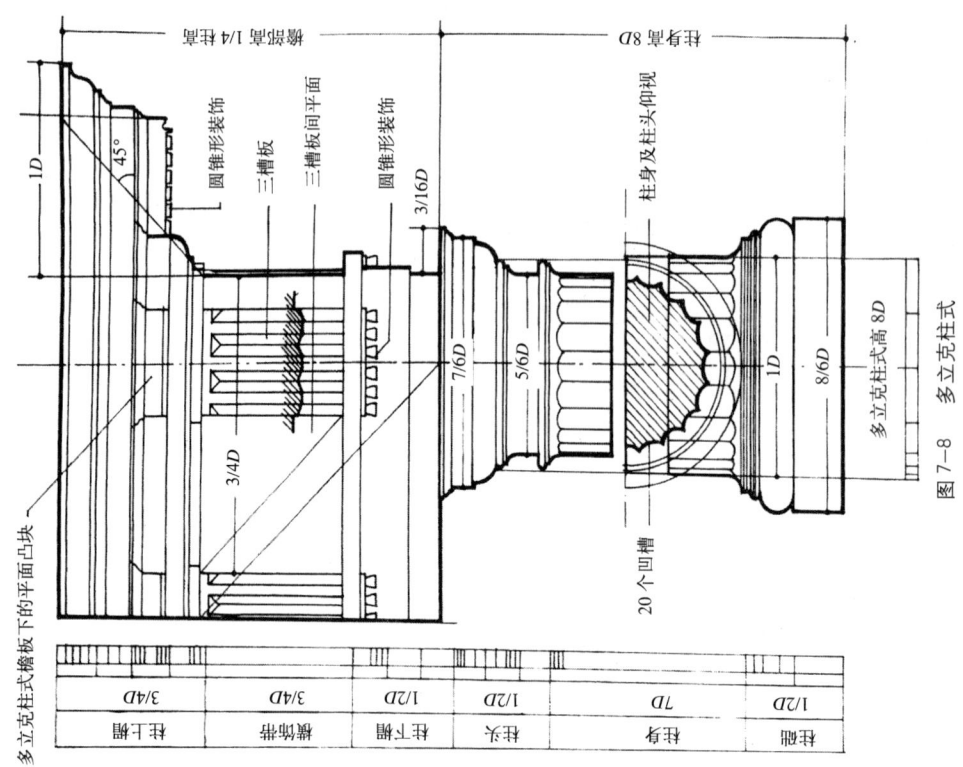

图 7-8 多立克柱式

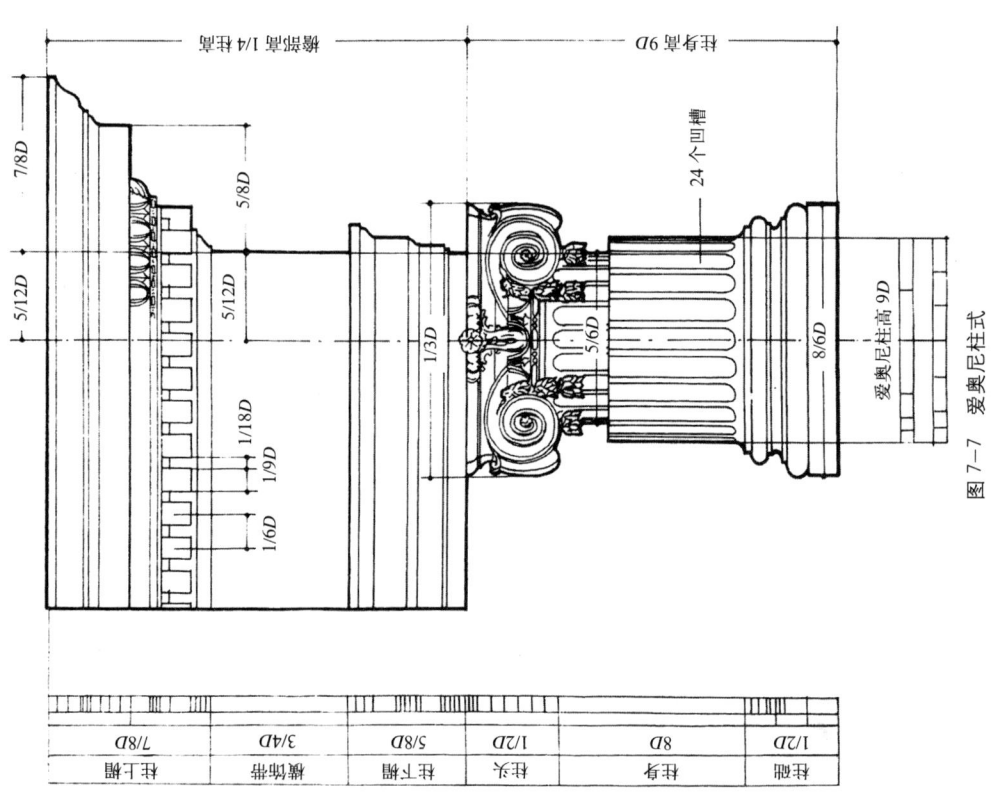

图 7-7 爱奥尼柱式

RMXL1-4 钢笔自由线训练任务书（短线条地砖和毛石墙）

1. 工具准备

序号	工具名称	规格（mm，注明除外）	数量
1	铅笔	HB或2H	✓
2	橡皮	中号或小号	✓
3	美工刀	大号、小号均可	✓
4	针管笔	0.3、0.6、0.9或0.2、0.5、0.8	✓
5	美工笔	0.7或1.0	✓
6	叶筋笔	中号或小号	
7	碳素墨水	25～50ml	✓
8	丁字尺	600	✓
9	三角尺	250	
10	曲线板	200	
11	圆规	常用大小	
12	图板	A2	✓
13	制图纸	A2	✓
14	胶带	双面胶	✓

2. 训练要点
1) 将制图纸用双面胶裱板平整。
2) 了解工具的使用要求。
3) 读懂示范图，重点理解地砖拼接和毛石墙面的构造与特点。
4) 读懂训练要求，0.9针管笔绘制图框，距离纸边各1厘米，在右下角按下表样填写相关训练信息。

班级		年级		训练日期	
学号		姓名		训练形式	墨线手绘
编号	RMXL1-4	导师		训练规格	A2

5) 按示范图上下左右放大2倍，布局用铅笔轻轻画出图块格子及空距，用不同粗细的针管笔或美工笔直接按样图徒手画出，完成后用橡皮擦除铅笔笔痕。
6) 请将此页沿裁切线裁下，填妥表格，完成自我考核，贴在图纸左上角，作为作业标签。
3. 训练要求
保持图面整洁，线条清晰、匀称、流畅，文字书写端正。
4. 训练目的
正规表达，规范、条理、新颖。重点训练：绘图能力。
5. 考核标准

考核要求	得分权重	自我考核	课代表考核	教师考核（最终得分）
及时上交	10%			
图面整洁	15%			
线条清晰、匀称、流畅	60%			
文字书写端正	15%			
考核者签名				

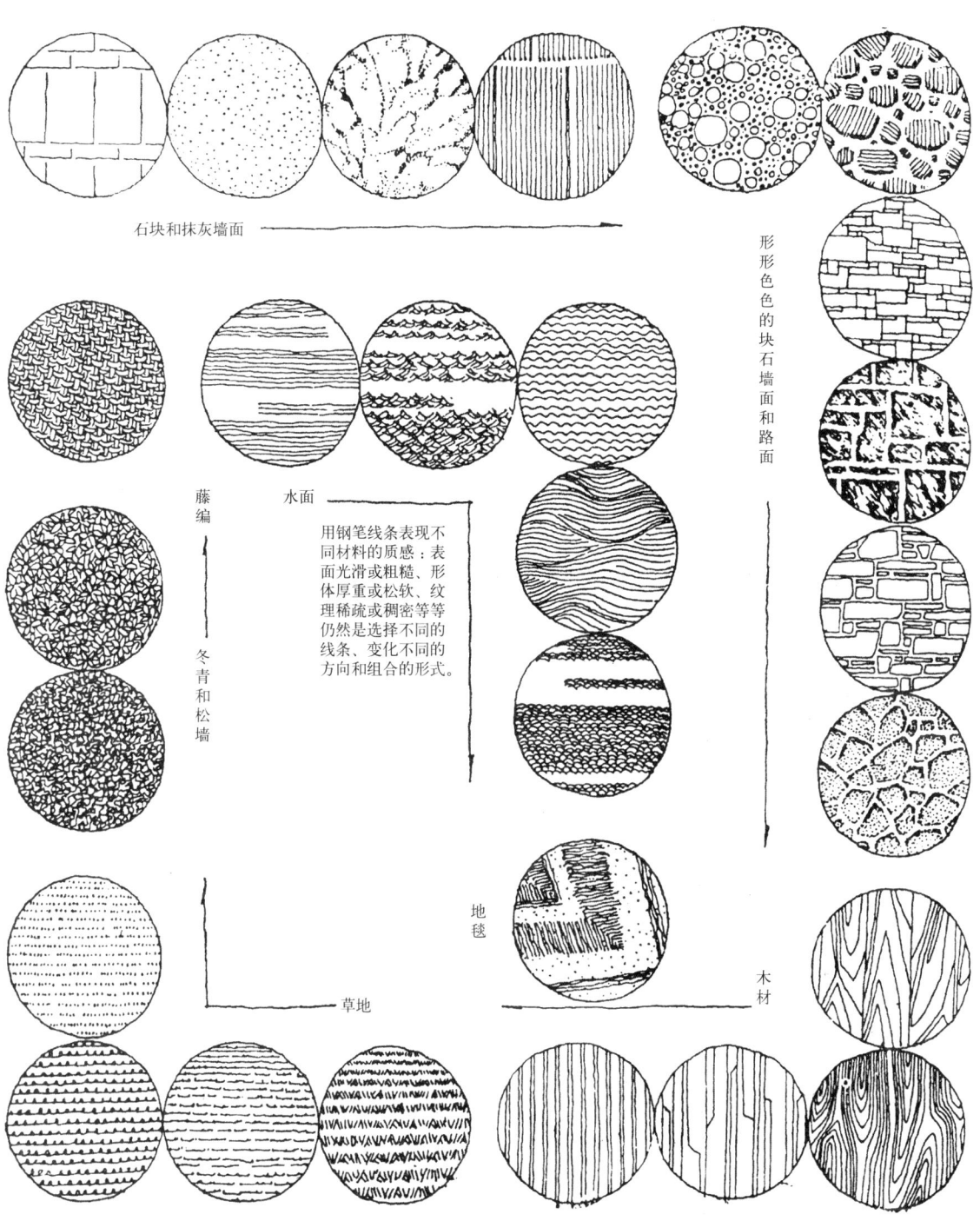

石块和抹灰墙面

形形色色的块石墙面和路面

藤编

冬青和松墙

水面

用钢笔线条表现不同材料的质感：表面光滑或粗糙、形体厚重或松软、纹理稀疏或稠密等等仍然是选择不同的线条、变化不同的方向和组合的形式。

地毯

草地

木材

图 7-9　短线条训练样图（墨线）
图片来源：田学哲.建筑初步（第二版）

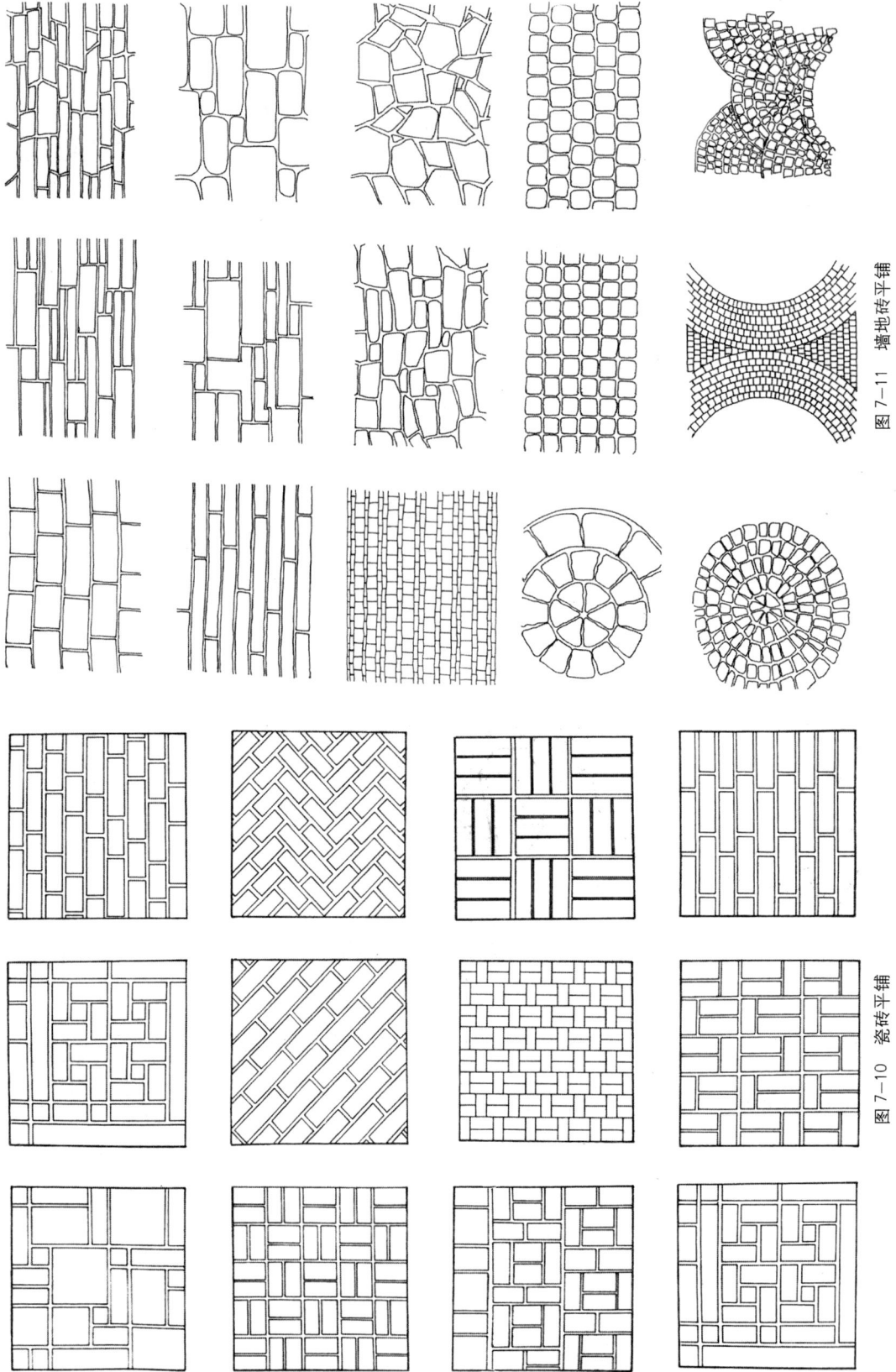

图 7-11　墙地砖平铺

图 7-10　瓷砖平铺

RMXL1-5 钢笔自由线训练任务书（木纹和窗帘）

1. 工具准备

序号	工具名称	规格（mm，注明除外）	数量
1	铅笔	HB或2H	✓
2	橡皮	中号或小号	✓
3	美工刀	大号、小号均可	✓
4	针管笔	0.3、0.6、0.9或0.2、0.5、0.8	✓
5	美工笔	0.7或1.0	✓
6	叶筋笔	中号或小号	
7	碳素墨水	25～50ml	✓
8	丁字尺	600	✓
9	三角尺	250	
10	曲线板	200	
11	圆规	常用大小	
12	图板	A2	✓
13	制图纸	A2	✓
14	胶带	双面胶	✓

2. 训练要点

1）将制图纸用双面胶裱板平整。

2）了解工具的使用要求。

3）读懂示范图，重点理解木纹拼接和窗帘样式的构造与特点。

4）读懂训练要求，0.9针管笔绘制图框，距离纸边各1厘米，在右下角按下表样填写相关训练信息。

班级		年级		训练日期	
学号		姓名		训练形式	墨线手绘
编号	RMXL1-5	导师		训练规格	A2

5）按示范图上下左右放大2倍，布局用铅笔轻轻画出图块格子及空距，用不同粗细的针管笔或美工笔直接按样图徒手画出，完成后用橡皮擦除铅笔笔痕。

6）请将此页沿裁切线裁下，填妥表格，完成自我考核，贴在图纸左上角，作为作业标签。

3. 训练要求

保持图面整洁，线条清晰、匀称、流畅，文字书写端正。

4. 训练目的

正规表达，规范、条理、新颖。重点训练：绘图能力。

5. 考核标准

考核要求	得分权重	自我考核	课代表考核	教师考核（最终得分）
及时上交	10%			
图面整洁	15%			
线条清晰、匀称、流畅	60%			
文字书写端正	15%			
考核者签名				

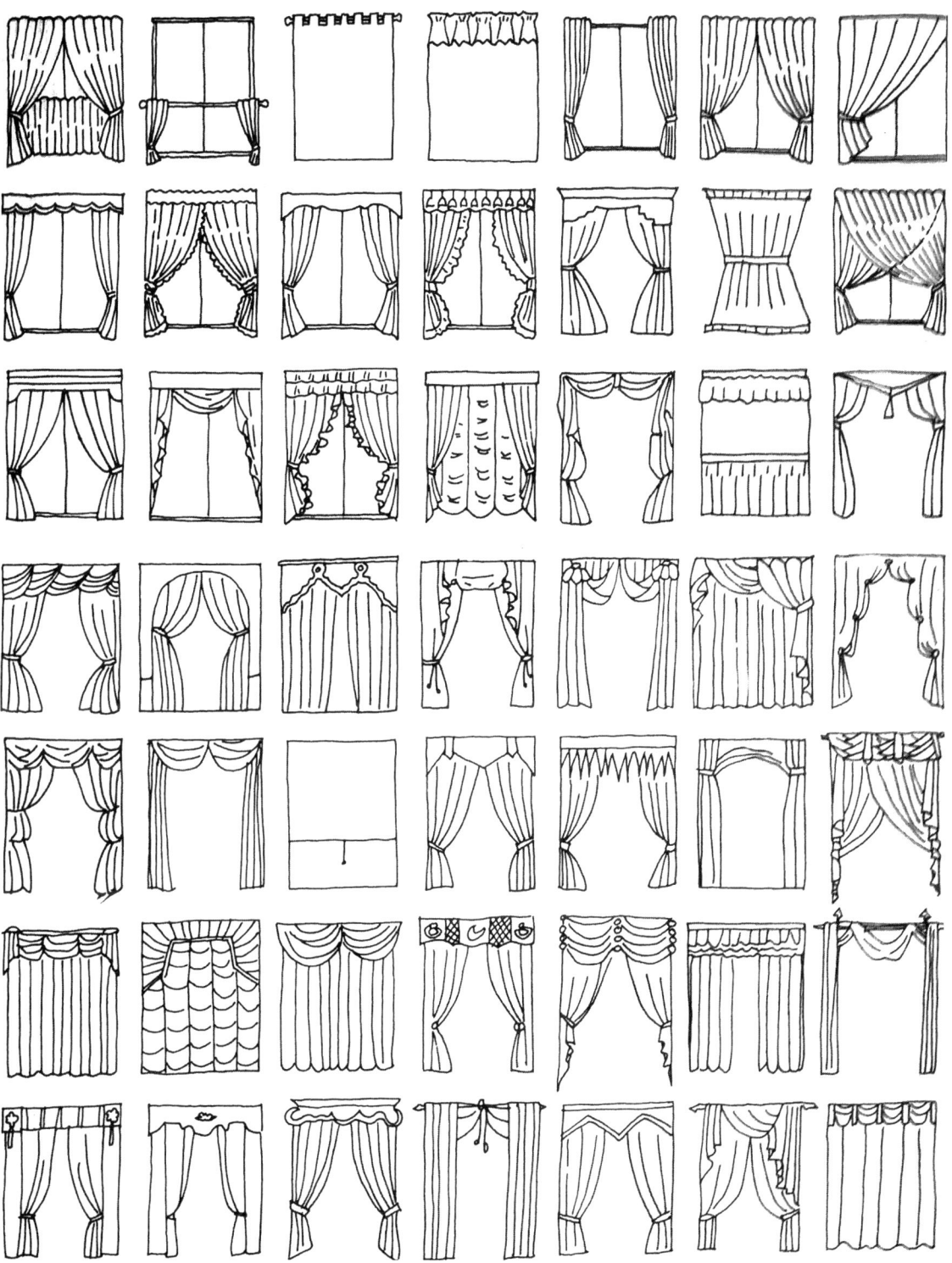

图 7-12 窗帘样式

图 7-13　木纹拼接

7.3 图案和陈设训练系列

RMXL2-1 图案和陈设训练任务书（图案）

1. 工具准备

序号	工具名称	规格（mm，注明除外）	数量
1	铅笔	HB或2H	✓
2	橡皮	中号或小号	✓
3	美工刀	大号、小号均可	✓
4	针管笔	0.3、0.6、0.9或0.2、0.5、0.8	✓
5	美工笔	0.7或1.0	✓
6	叶筋笔	中号或小号	✓
7	碳素墨水	25～50ml	✓
8	丁字尺	600	✓
9	三角尺	250	
10	曲线板	200	
11	圆规	常用大小	
12	图板	A2	✓
13	制图纸	A2	✓
14	胶带	双面胶	✓

2. 训练要点

1）将制图纸用双面胶裱板平整。

2）了解工具的使用要求。

3）读懂示范图，重点理解图案纹样的特点。

4）读懂训练要求，0.9针管笔绘制图框，距离纸边各1厘米，在右下角按下表样填写相关训练信息。

班级		年级		训练日期	
学号		姓名		训练形式	墨线手绘
编号	RMXL2-1	导师		训练规格	A2

5）按示范图上下左右放大2倍，布局用铅笔轻轻画出图块格子及空距，用不同粗细的针管笔或美工笔直接按样图徒手画出，大块黑色用叶筋笔填色，完成后用橡皮擦除铅笔笔痕。

6）请将此页沿裁切线裁下，填妥表格，完成自我考核，贴在图纸左上角，作为作业标签。

3. 训练要求

保持图面整洁，线条清晰、匀称、流畅，文字书写端正。

4. 训练目的

正规表达，规范、条理、新颖。重点训练：绘图能力。

5. 考核标准

考核要求	得分权重	自我考核	课代表考核	教师考核（最终得分）
及时上交	10%			
图面整洁	15%			
线条清晰、匀称、流畅	60%			
文字书写端正	15%			
考核者签名				

图 7-14　图案什锦样图

图 7-15 古希腊图案样图

RMXL2-2 图案和陈设训练任务书（家具）

1. 工具准备

序号	工具名称	规格（mm，注明除外）	数量
1	铅笔	HB或2H	✓
2	橡皮	中号或小号	✓
3	美工刀	大号、小号均可	✓
4	针管笔	0.3、0.6、0.9或0.2、0.5、0.8	✓
5	美工笔	0.7或1.0	✓
6	叶筋笔	中号或小号	✓
7	碳素墨水	25～50ml	✓
8	丁字尺	600	✓
9	三角尺	250	
10	曲线板	200	
11	圆规	常用大小	
12	图板	A2	✓
13	制图纸	A2	✓
14	胶带	双面胶	✓

2. 训练要点

1) 将制图纸用双面胶裱板平整。
2) 了解工具的使用要求。
3) 读懂示范图，重点理解图案纹样的特点。
4) 读懂训练要求，0.9针管笔绘制图框，距离纸边各1厘米，在右下角按下表样填写相关训练信息。

班级		年级		训练日期	
学号		姓名		训练形式	墨线手绘
编号	RMXL2-2	导师		训练规格	A2

5) 按示范图上下左右放大2倍，布局用铅笔轻轻画出图块格子及空距，用不同粗细的针管笔或美工笔直接按样图徒手画出，大块黑色用叶筋笔填色，完成后用橡皮擦除铅笔笔痕。

6) 请将此页沿裁切线裁下，填妥表格，完成自我考核，贴在图纸左上角，作为作业标签。

3. 训练要求

保持图面整洁，线条清晰、匀称、流畅，文字书写端正。

4. 训练目的

正规表达，规范、条理、新颖。重点训练：绘图能力。

5. 考核标准

考核要求	得分权重	自我考核	课代表考核	教师考核（最终得分）
及时上交	10%			
图面整洁	15%			
线条清晰、匀称、流畅	60%			
文字书写端正	15%			
考核者签名				

图 7-16 家具——椅子

图 7-17 家具——沙发

RMXL2-3 图案和陈设训练任务书（器皿）

1. 工具准备

序号	工具名称	规格（mm，注明除外）	数量
1	铅笔	HB或2H	✓
2	橡皮	中号或小号	✓
3	美工刀	大号、小号均可	✓
4	针管笔	0.3、0.6、0.9或0.2、0.5、0.8	✓
5	美工笔	0.7或1.0	✓
6	叶筋笔	中号或小号	✓
7	碳素墨水	25～50ml	✓
8	丁字尺	600	✓
9	三角尺	250	
10	曲线板	200	
11	圆规	常用大小	
12	图板	A2	✓
13	制图纸	A2	✓
14	胶带	双面胶	✓

2. 训练要点

1）将制图纸用双面胶裱板平整。

2）了解工具的使用要求。

3）读懂示范图，重点理解图案纹样的特点。

4）读懂训练要求，用0.9针管笔绘制图框，距离纸边各1厘米，在右下角按下表样填写相关训练信息。

班级		年级		训练日期	
学号		姓名		训练形式	墨线手绘
编号	RMXL2-3	导师		训练规格	A2

5）按示范图上下左右放大2倍，布局用铅笔轻轻画出图块格子及空距，用不同粗细的针管笔或美工笔直接按样图徒手画出，大块黑色用叶筋笔填色，完成后用橡皮擦除铅笔笔痕。

6）请将此页沿裁切线裁下，填妥表格，完成自我考核，贴在图纸左上角，作为作业标签。

3. 训练要求

保持图面整洁，线条清晰、匀称、流畅，文字书写端正。

4. 训练目的

正规表达，规范、条理、新颖。重点训练：绘图能力。

5. 考核标准

考核要求	得分权重	自我考核	课代表考核	教师考核（最终得分）
及时上交	10%			
图面整洁	15%			
线条清晰、匀称、流畅	60%			
文字书写端正	15%			
考核者签名				

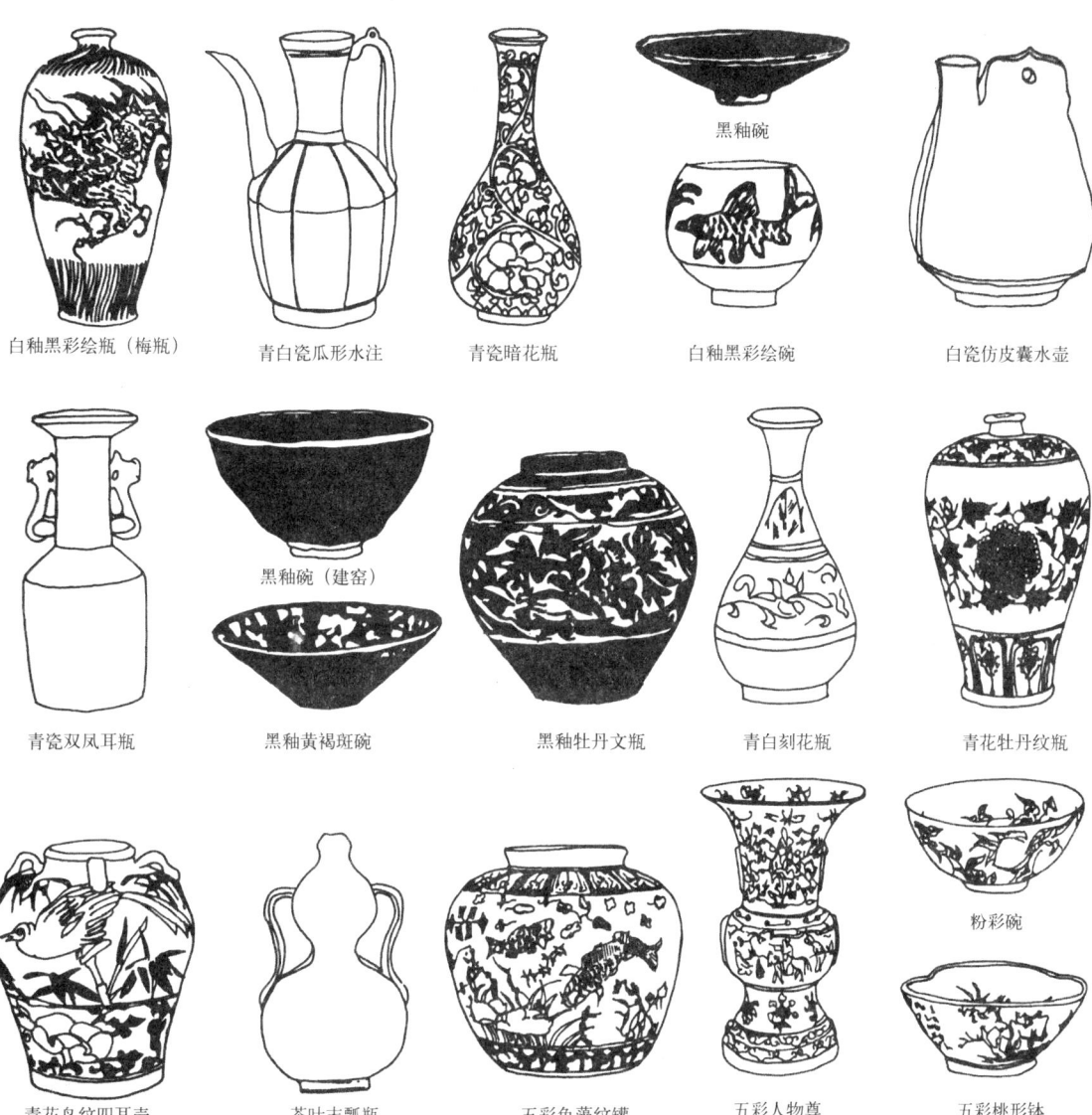

白釉黑彩绘瓶（梅瓶）　青白瓷瓜形水注　青瓷暗花瓶　白釉黑彩绘碗　白瓷仿皮囊水壶

黑釉碗

青瓷双凤耳瓶　黑釉碗（建窑）　黑釉牡丹文瓶　青白刻花瓶　青花牡丹纹瓶

黑釉黄褐斑碗

粉彩碗

青花鸟纹四耳壶　茶叶末瓢瓶　五彩鱼藻纹罐　五彩人物尊　五彩桃形钵

图 7-18　古代瓷器

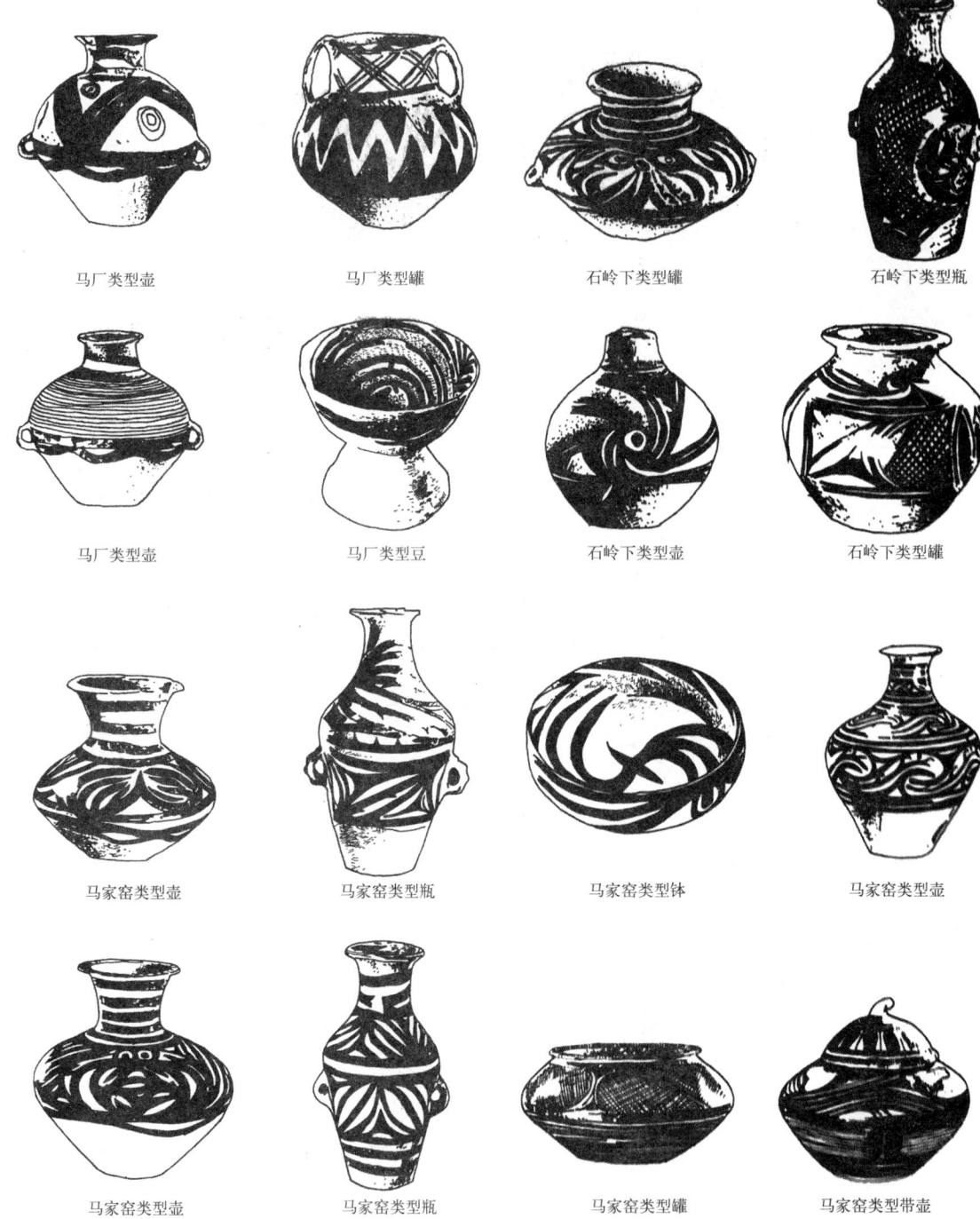

马厂类型壶　　　　　马厂类型罐　　　　　石岭下类型罐　　　　　石岭下类型瓶

马厂类型壶　　　　　马厂类型豆　　　　　石岭下类型壶　　　　　石岭下类型罐

马家窑类型壶　　　　马家窑类型瓶　　　　马家窑类型钵　　　　马家窑类型壶

马家窑类型壶　　　　马家窑类型瓶　　　　马家窑类型罐　　　　马家窑类型带壶

图 7-19　古代陶器

图 7-20　植物插画

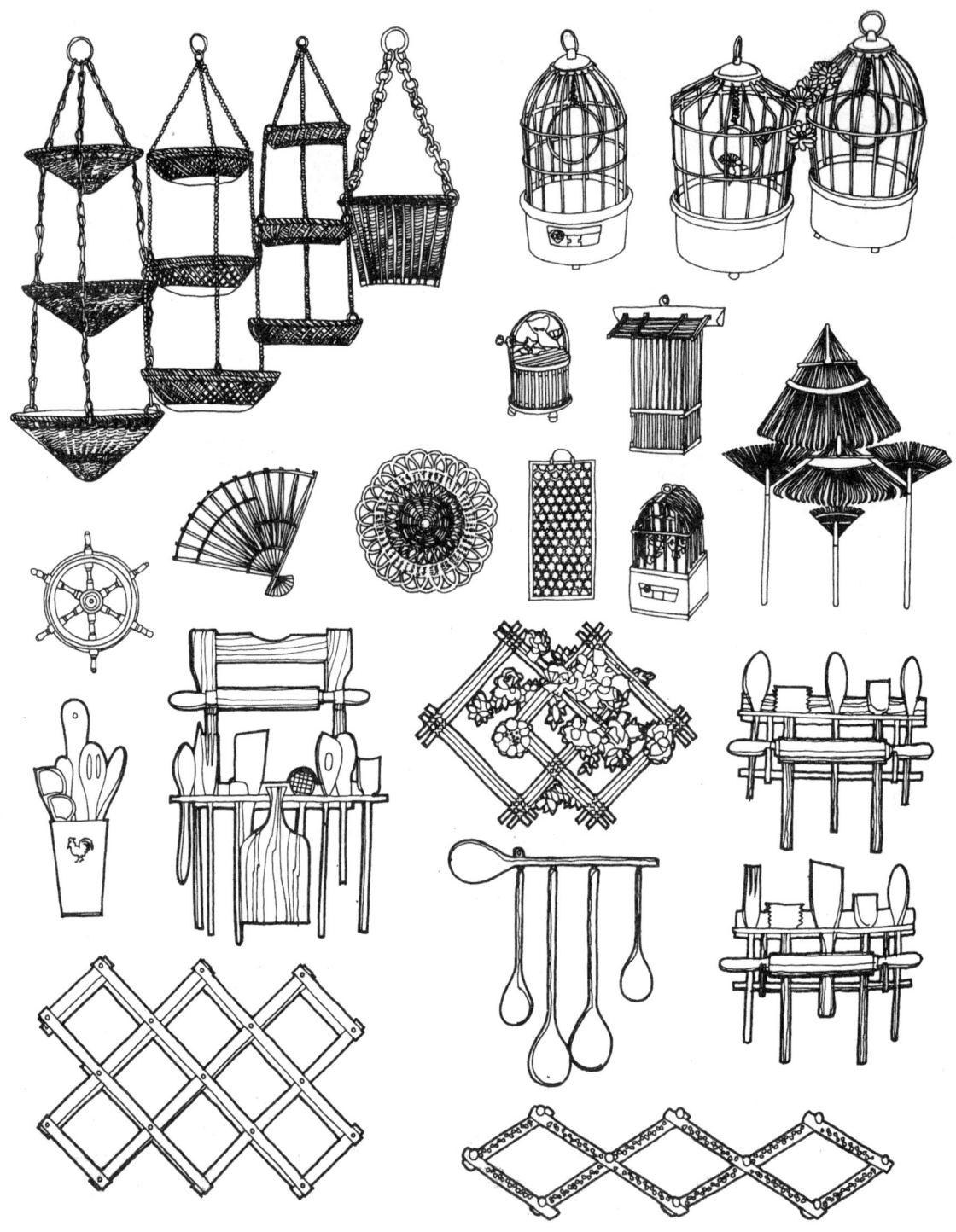

图 7-21　篮筐和架子

7.4 手绘表现图训练系列

RMXL3-1 手绘表现图训练任务书（家装平面图与建筑剖面图）

1. 工具准备

序号	工具名称	规格（mm，注明除外）	数量
1	铅笔	HB或2H	✓
2	橡皮	中号或小号	✓
3	美工刀	大号、小号均可	✓
4	针管笔	0.3、0.6、0.9或0.2、0.5、0.8	✓
5	美工笔	0.7或1.0	✓
6	叶筋笔	中号或小号	
7	碳素墨水	25～50mL	✓
8	丁字尺	600	✓
9	三角尺	250	✓
10	曲线板	200	
11	圆规	常用大小	
12	图板	A2	✓
13	制图纸	A2	✓
14	胶带	双面胶	✓

2. 训练要点
1) 将制图纸用双面胶裱板平整。
2) 了解工具的使用要求。
3) 读懂示范图，重点理解图案纹样的特点，可在1和2、3和4中各选1个进行训练。
4) 读懂训练要求，0.9针管笔绘制图框，距离纸边各1厘米，在右下角按下表样填写相关训练信息。

班级		年级		训练日期	
学号		姓名		训练形式	墨线手绘
编号	RMXL3-1	导师		训练规格	A2

5) 按示范图上下左右放大2倍，布局用铅笔轻轻画出图块格子及空距，用不同粗细的针管笔或美工笔直接按样图徒手画出，大块黑色用叶筋笔填色，完成后用橡皮擦除铅笔笔痕。
6) 请将此页沿裁切线裁下，填妥表格，完成自我考核，贴在图纸左上角，作为作业标签。
3. 训练要求
保持图面整洁，线条清晰、匀称、流畅，文字书写端正。
4. 训练目的
正规表达，规范、条理、新颖。重点训练：绘图能力。
5. 考核标准

考核要求	得分权重	自我考核	课代表考核	教师考核（最终得分）
及时上交	10%			
图面整洁	15%			
线条清晰、匀称、流畅	60%			
文字书写端正	15%			
考核者签名				

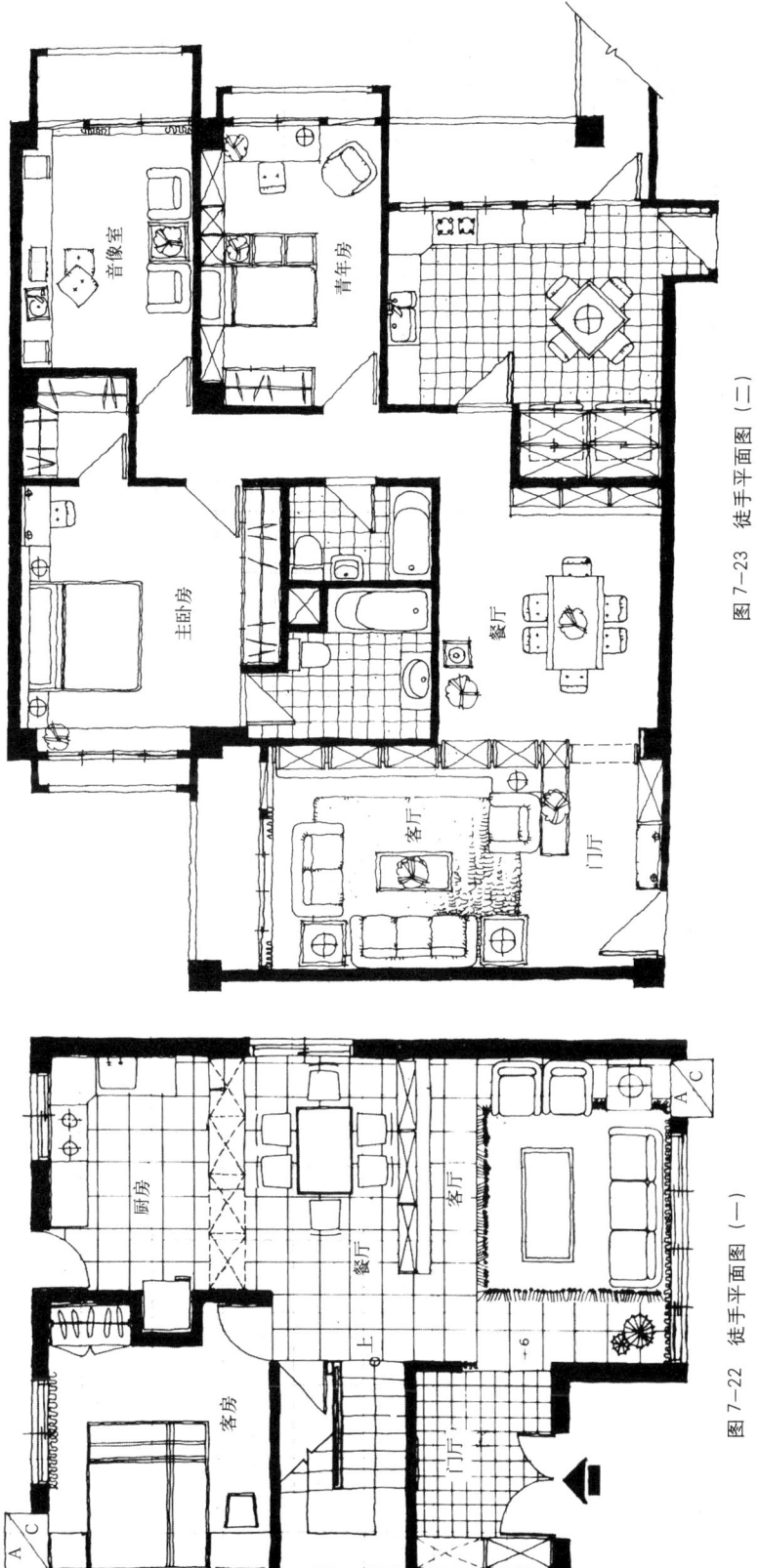

图 7-23 徒手平面图 (二)

图 7-22 徒手平面图 (一)

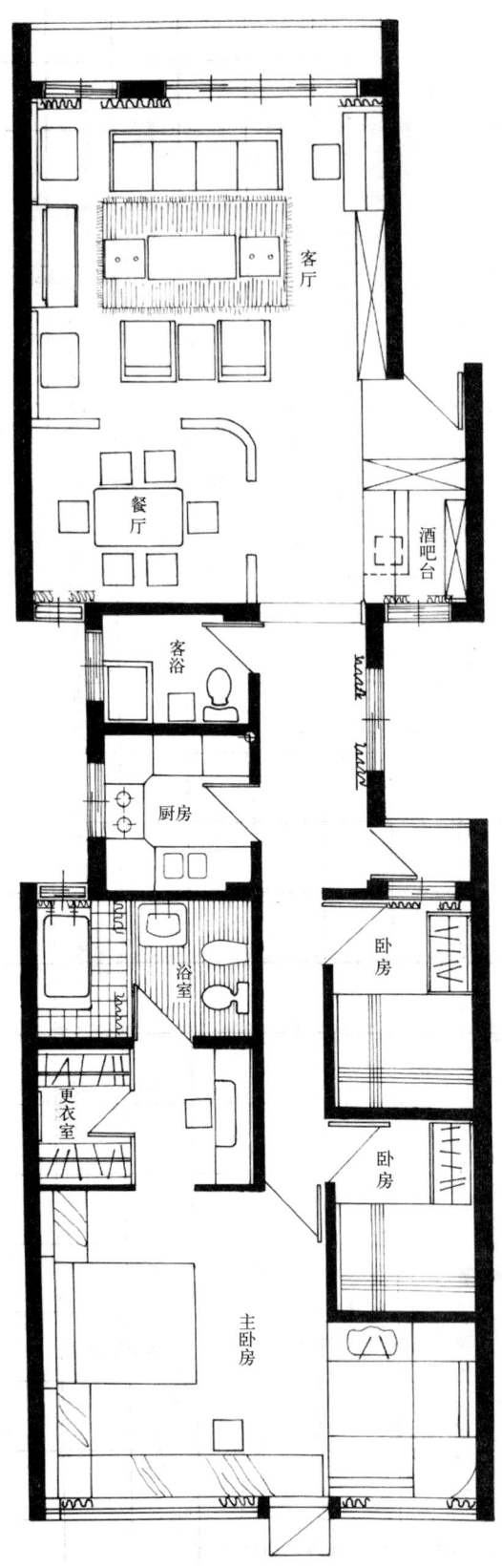

客厅

餐厅

客浴

酒吧台

厨房

浴室

更衣室

卧房

卧房

主卧房

图 7-24　徒手平面图（三）

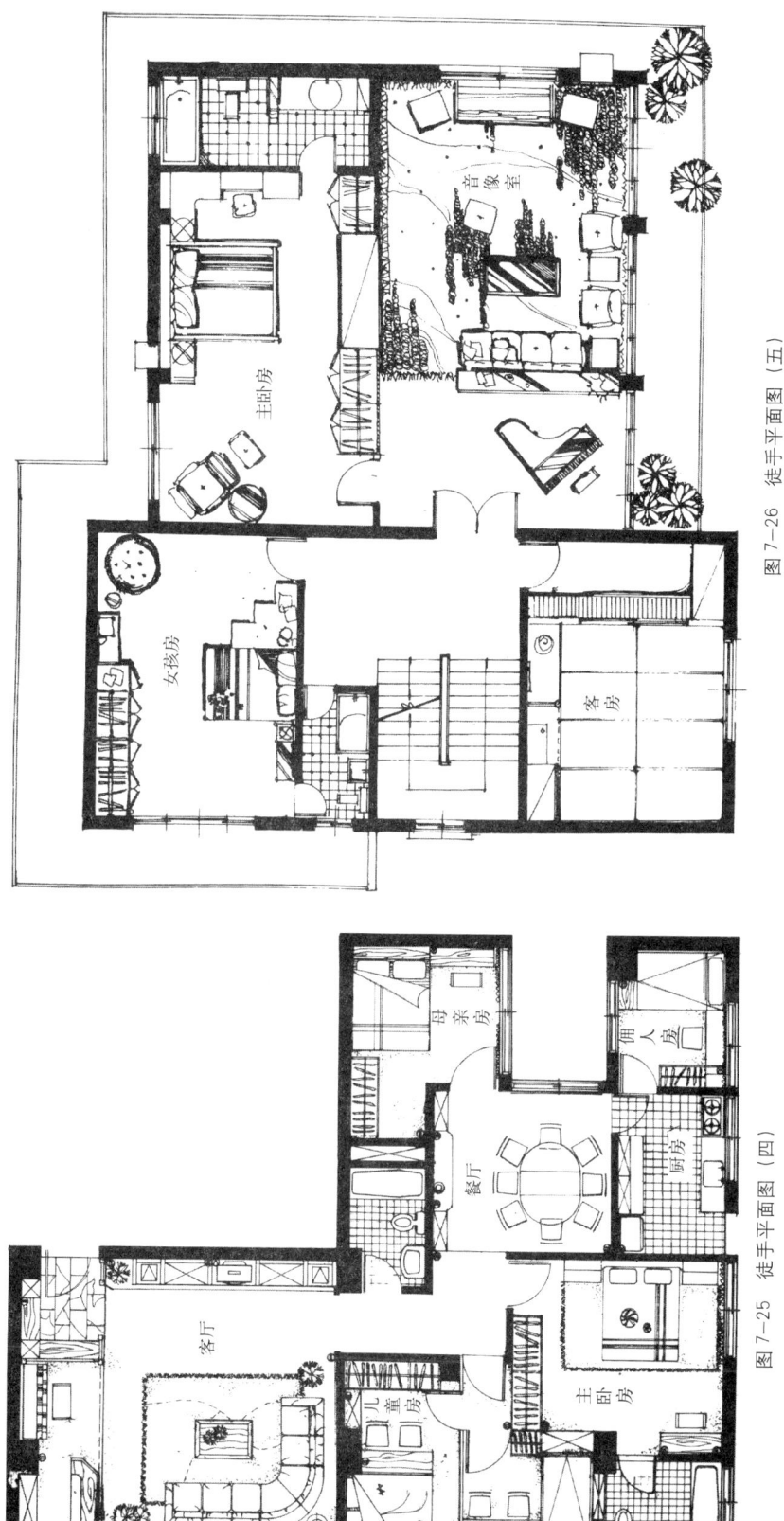

图 7-26 徒手平面图（五）

图 7-25 徒手平面图（四）

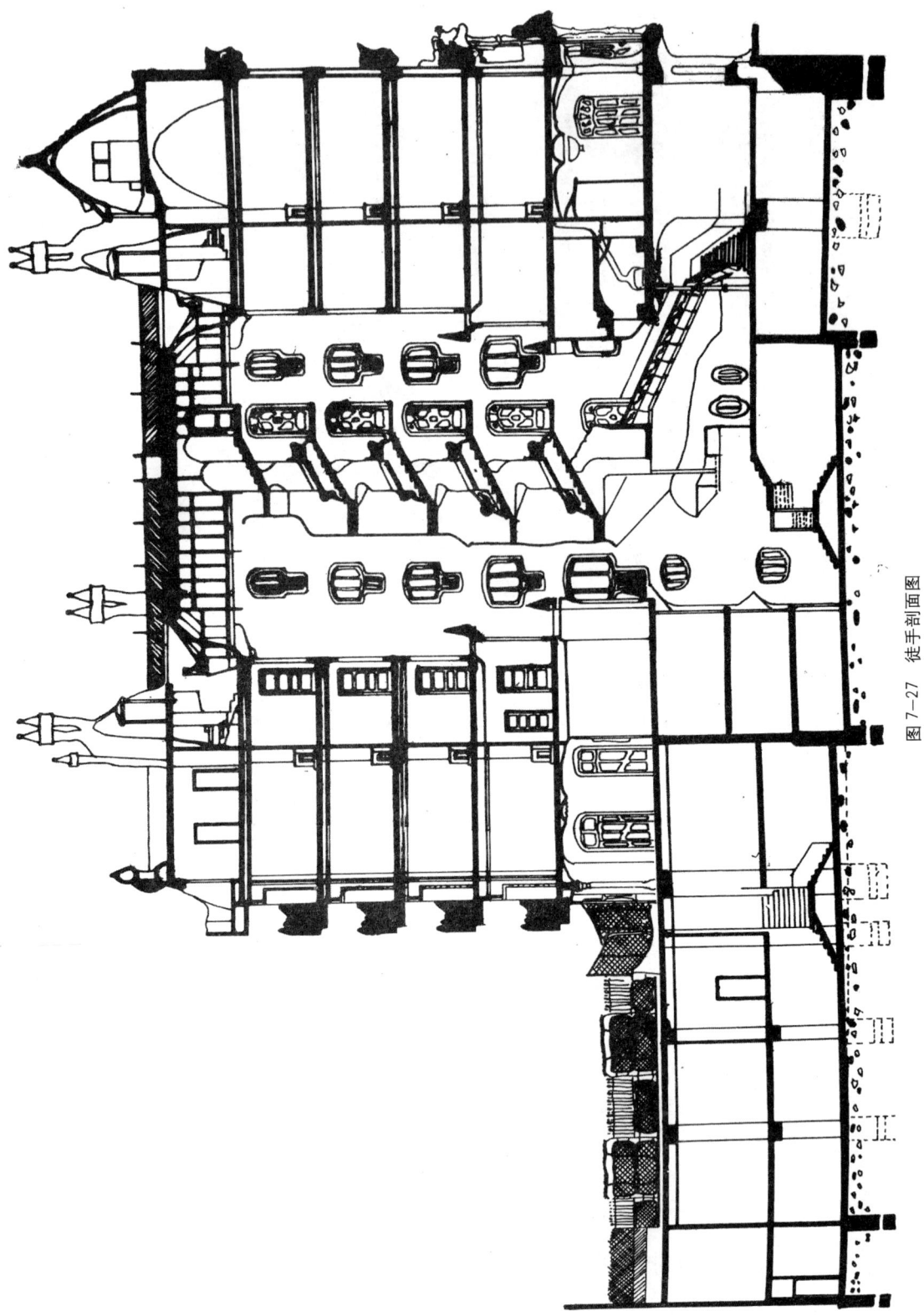

图 7-27　徒手剖面图

RMXL3-2 手绘表现图训练任务书（手绘室内场景图）

1. 工具准备

序号	工具名称	规格（mm，注明除外）	数量
1	铅笔	HB或2H	✓
2	橡皮	中号或小号	✓
3	美工刀	大号、小号均可	✓
4	针管笔	0.3、0.6、0.9或0.2、0.5、0.8	
5	美工笔	0.7或1.0	✓
6	叶筋笔	中号或小号	
7	碳素墨水	25～50ml	✓
8	丁字尺	600	✓
9	三角尺	250	
10	曲线板	200	
11	圆规	常用大小	
12	图板	A2	✓
13	制图纸	A2	✓
14	胶带	双面胶	✓

2. 训练要点

1）将制图纸用双面胶裱板平整。

2）了解工具的使用要求。

3）读懂示范图，重点理解室内空间的特点，初步理解透视规律。

4）读懂训练要求，用0.9针管笔绘制图框，距离纸边各1厘米，在右下角按下表样填写相关训练信息。

班级		年级		训练日期	
学号		姓名		训练形式	墨线手绘
编号	RMXL3-2	导师		训练规格	A2

5）按示范图上下左右放大2倍，可先用铅笔起稿，然后用美工笔直接徒手画出，完成后用橡皮擦除铅笔笔痕。

6）请将此页沿裁切线裁下，填妥表格，完成自我考核，贴在图纸左上角，作为作业标签。

3. 训练要求

保持图面整洁，线条清晰、匀称、流畅，文字书写端正。

4. 训练目的

正规表达，规范、条理、新颖。重点训练：绘图能力。

5. 考核标准

考核要求	得分权重	自我考核	课代表考核	教师考核（最终得分）
及时上交	10%			
图面整洁	15%			
线条清晰、匀称、流畅	60%			
文字书写端正	15%			
考核者签名				

美国旧金山海特摄政饭店（1973年）

图 7-28　美国旧金山海特摄政饭店

图 7-29　布朗特住宅的客厅

亚特兰大
桃树旅馆 (1976 年)

图 7-31 亚特兰大桃树旅馆 (二)

亚特兰大 桃树旅馆 (1976 年)

图 7-30 亚特兰大桃树旅馆 (一)

图7-33 艾佛逊美术馆中央大厅

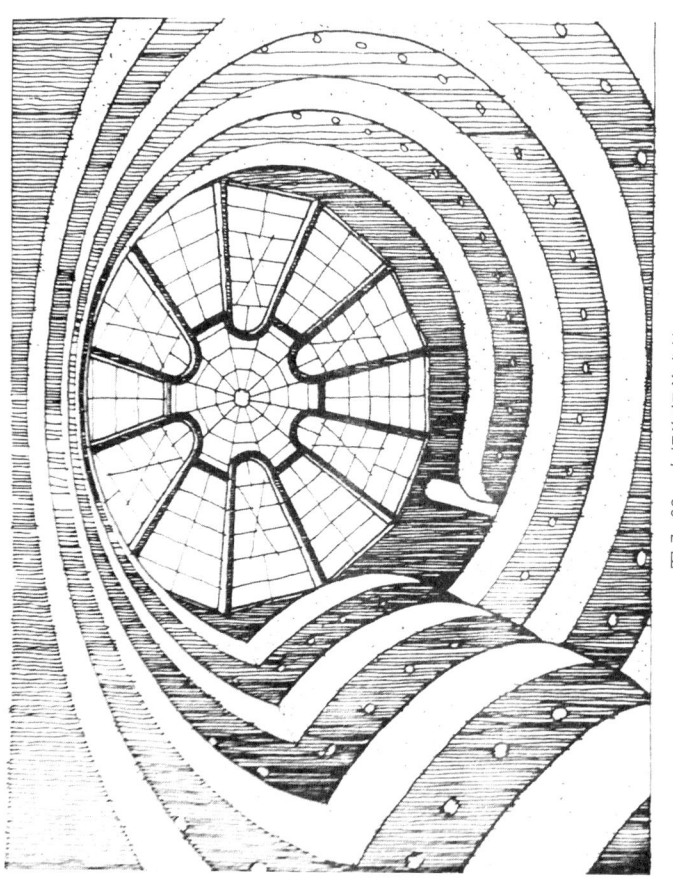

图7-32 古根海姆美术馆

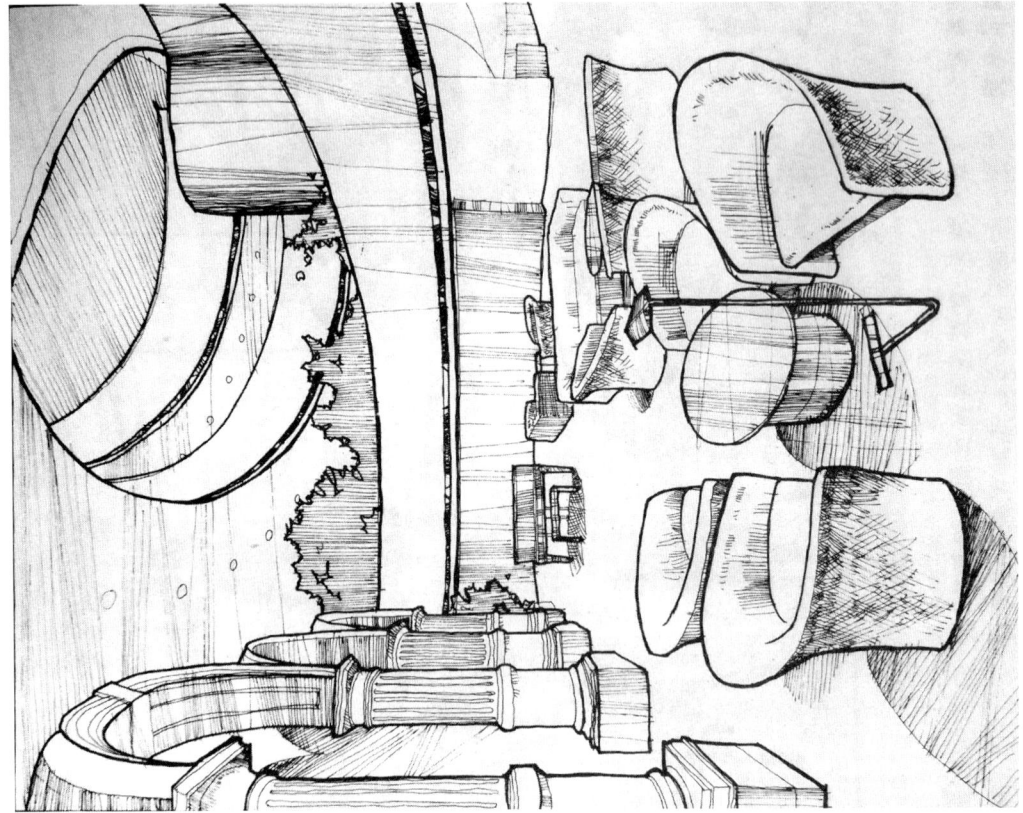

图 7-35 共享大厅

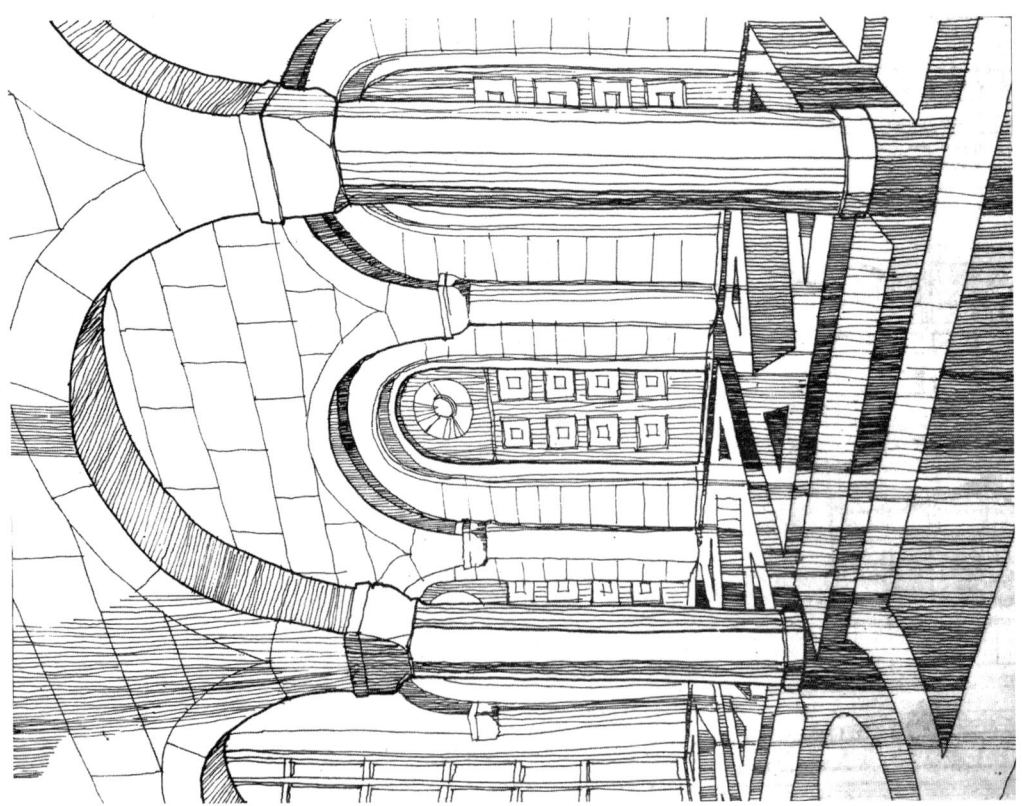

图 7-34 过道门厅

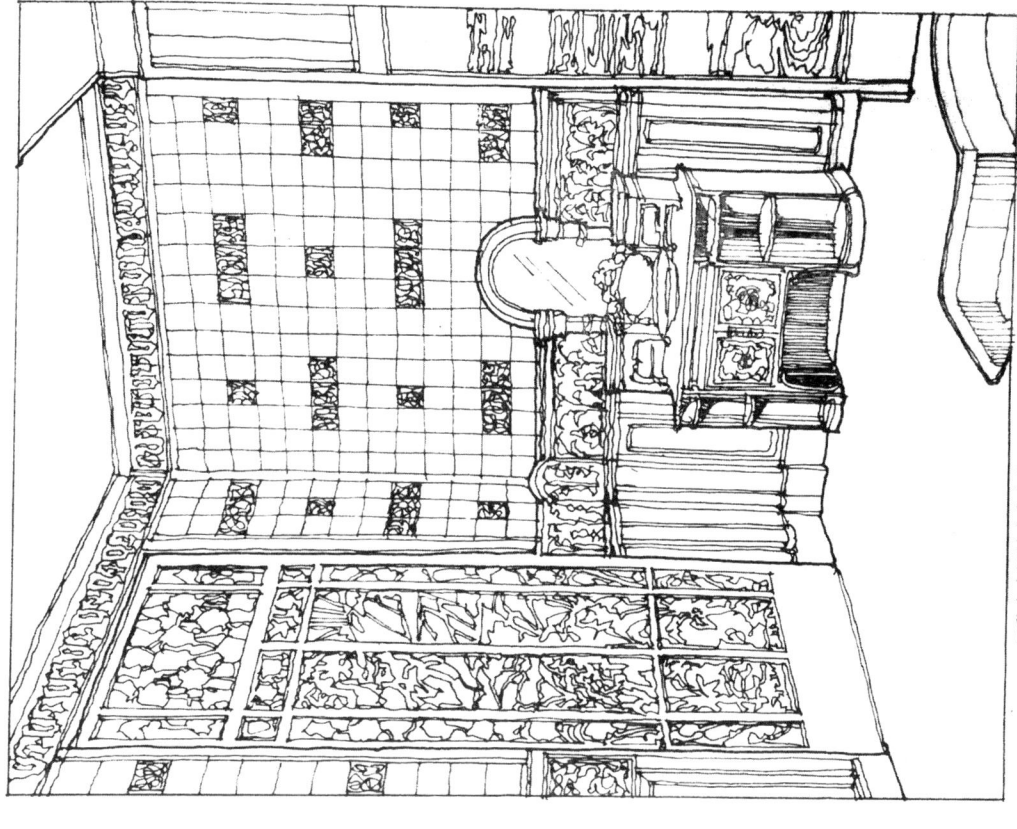

巴黎室内设计竞赛中某住宅浴室设计方案（1903 年）

图 7-37　法式古典风格图（二）

巴黎麦泽拉公寓（1910 年，基迈尔德）

图 7-36　法式古典风格图（一）

图 7-38　苏州网师园万卷堂

图 7-39　苏州网师园看松读画轩

参考文献

[1] 刘超英. 艺科交融的 CDIO —— 一个 CDIO 中国实践的特色案例 [M]. 北京：中国电力出版社，2013.

[2] 刘超英. 建筑装饰装修材料·构造·施工 [M]. 2 版. 北京：中国建筑工业出版社，2015.

[3] 刘超英. 建筑装饰设计 [M]. 2 版. 北京：中国电力出版社，2009.

[4] 刘超英. 家装设计攻略 [M]. 2 版. 北京：中国电力出版社，2016.

[5] 刘超英. 家装设计学 [M]. 北京：机械工业出版社，2008.

[6] 二级注册建筑师 [Z/OL]. [2019-02-11]. https://baike.baidu.com/item/ 二级注册建筑师 /8026930？ fr=aladdin.

[7] 曹春平. 闽南传统建筑 [M]. 厦门：厦门大学出版社，2016.

[8] 潘谷西. 中国建筑史 [M]. 5 版. 北京：中国建筑工业出版社，2004.

[9] 陈志华. 外国建筑史（19 世纪末叶以前）. 北京：中国建筑工业出版社，2004.

[10] 罗小未. 外国近现代建筑史 [M]. 2 版. 北京：中国建筑工业出版社，2004.

[11] 彭一刚. 建筑空间组合论 [M]. 2 版. 北京：中国建筑工业出版社，2003.

[12] 陈易. 室内设计原理 [M]. 北京：中国建筑工业出版社，2006.

[13] 来增祥，陆震纬. 室内设计原理 [M]. 北京：中国建筑工业出版社，1996.

[14] 张绮曼，郑曙旸. 室内设计资料集 [M]. 北京：中国建筑工业出版社，1991.

[15] 刘加平. 建筑物理 [M]. 3 版. 北京：中国建筑工业出版社，2000.

[16] 吕永中，俞培晃. 室内设计原理与实践 [M]. 北京：高等教育出版社，2008.

[17] 吴宗锦. 杰出室内作品精选 [M]. 台北：源泉出版社，1980.

后　记

　　任何教育教学改革的成功需要多方同心协力，群策群力，共同参与，共同努力。本教材是群策群力的作品，选题酝酿从 2010~2014 年制定《高等职业学校建筑室内设计专业教学基本要求》和 2016~2018 年开始制定《高等职业学校建筑室内设计教学标准》就一直在进行。本教材均被这两个教学指导文件列为建筑室内设计专业主干课程。

　　教材内容经过两届专指委／行指委建筑室内设计领域众多学校和专家的反复研讨，如今终于面世。所以，衷心感谢以下所有参与的学校（排名不分先后）：宁波工程学院、上海城建职业学院、南宁职业技术学院、内蒙古职业技术学院、四川建筑职业技术学院、江苏建筑职业技术学院、辽宁城市建设职业技术学院、山西建筑职业技术学院、山东日照职业技术学院、青海建筑职业技术学院、湖南城建职业技术学院、苏州建设交通高等职业技术学校、浙江广厦建设职业技术学院、泰州职业技术学院、广西工业职业技术学院、黑龙江建筑职业技术学院、辽宁建筑职业学院、浙江建设职业技术学院、枣庄科技职业学院、湖北城市建设职业技术学院、河南建筑职业技术学院、甘肃建筑职业技术学院、江苏城乡建设职业学院、重庆建筑工程职业学院、宁夏建设职业技术学院等。

　　行指委建筑类专业指导委员会主任季翔教授一直给予精心指导，其他专指委委员和行业专家冯美宇、李宏、钟建、孙亚峰、李进、陈卫华、徐哲民、杨青山、吴国雄、刘艳芳、李晓琳、解万玉、徐锡权、赵肖丹、鲁毅等教授都给予热情指导，中国建筑工业出版社对于本书的出版，给予了大力支持。在此一并表示感谢！

　　专指委资深委员（2002 年至今）、原宁波工程学院"风华学者"特聘教授，现浙江广厦建设职业技术学院建筑室内设计专业带头人刘超英教授担任主编，规划设计编写大纲、申报住房和城乡建设部"十三五"规划教材、担任其他作者编写以外的所有章节和所有实践教学部分。内蒙古建筑职业技术学院建筑室内设计专业主任杜彦副教授、浙江广厦建设职业技术学院艺术设计学院副院长张伟孝副教授、江苏城乡建设职业学院环境艺术设计教研室主任秦丽副教授担任副主编，分别编写"2 建筑室内设计专业职业岗位"、"7 建筑室内设计专业入门训练任务书"和"4 建筑室内设计专业学习指导"。台州职业技术学院建筑装饰工程技术专业主任、中国建筑学会室内设计分会理事薛玲雅高级室内设计师、浙江广厦建设职业技术学院张伟毅老师、黎明职业大学丁瑜鸿老师担任编委，分别编写"5

建筑室内设计专业教学资源"、"6 建筑室内设计专业入门训练"和"1.2建筑室内设计历史、现状、展望"。

本书引用了很多优秀设计师的设计作品，为的是给在校学生专业学习提供范例和榜样，在此要向这些作者表示由衷的感谢和敬意。这些作品能够很好地配合作者想要表达的观点，解释抽象的原理。这些作品的版权归原作者所有，引用的图片作者已尽可能标注了出处，但仍有可能挂一漏万。特别是网络上引用的案例，因为互联网内容变化很快，可能有些网站及内容会失效，是否是一手文献也难于考证。所以，不周、不到之处敬请原作者谅解。

在这里还要提前感谢使用本教材的众多学校和广大师生，希望大家在使用过程中提出宝贵意见，使本教材通过后续的不断修订臻于完善。

编者

2018.11